Carlos Palacios Rojas
Tamara Olivares Latorre
Felipe San Juan Reyes

Libro de Ejercicios Resueltos de Topografía

Carlos Palacios Rojas
Tamara Olivares Latorre
Felipe San Juan Reyes

Libro de Ejercicios Resueltos de Topografía

en el área de Obras Civiles

Editorial Académica Española

Publisher:
Editorial Académica Española
is a trademark of
Dodo Books Indian Ocean Ltd. and OmniScriptum S.R.L publishing group

120 High Road, East Finchley, London, N2 9ED, United Kingdom
Str. Armeneasca 28/1, office 1, Chisinau MD-2012, Republic of Moldova, Europe
Managing Directors: Ieva Konstantinova, Victoria Ursu
info@omniscriptum.com

Printed at: see last page
ISBN: 978-620-0-03702-2

LIBRO DE EJERCICIOS RESUELTOS DE TOPOGRAFÍA

en el área de Obras Civiles

Carlos Palacios Rojas[1], Tamara Olivares Latorre[2], Felipe San Juan Reyes[3].

Primera edición

[1]Departamento de Obras Civiles, Universidad Católica del Maule, Talca 3480112, Chile; cpalacios@ucm.cl

[2]Escuela de Ingeniería en Construcción, Universidad Católica del Maule, Talca 3460000, Chile; olivareslatorret@gmail.com

[3]Escuela de Ingeniería en Construcción, Universidad Católica del Maule, Talca 3460000, Chile; feelipeandress10@gmail.com

Índice general

Índice de figuras

Índice de tablas

Introducción

La topografía es una de las ramas más antiguas de la ingeniería, con una historia que se remonta a las primeras civilizaciones, donde ya se utilizaba para trazar límites de tierras y edificar monumentos que han perdurado hasta nuestros días. Con el tiempo, esta disciplina ha evolucionado y se ha consolidado como una piedra angular para el diseño y desarrollo de proyectos de infraestructura modernos. En la actualidad, el éxito de cualquier proyecto de ingeniería comienza con un levantamiento topográfico preciso, que establece las bases para comprender y modelar las características del terreno con exactitud.

Este libro, "Ejercicios Resueltos de Topografía en el Área de Obras Civiles", ha sido diseñado como una herramienta práctica y desafiante, pensada para estudiantes, docentes y profesionales que buscan fortalecer sus conocimientos y habilidades en esta apasionante y entretenida área. Su enfoque no solo está dirigido a quienes se inician en el estudio de la topografía, sino también a aquellos que desean afianzar sus competencias y resolver problemas reales con eficacia.

El contenido está organizado en capítulos que abordan temas fundamentales, como la precisión en las mediciones, nivelación, pendiente y taquimetría. Cada sección incluye ejercicios resueltos paso a paso, con explicaciones detalladas que facilitan la comprensión de los conceptos teóricos y su aplicación en situaciones prácticas.

Lo que distingue a esta obra es la inclusión de múltiples versiones de un mismo ejercicio. Esta estrategia, pensada para maximizar el aprendizaje, te permitirá:

- Observar cómo pequeñas diferencias en los datos iniciales pueden alterar los resultados y la estrategia de resolución.

- Prepararte para enfrentar escenarios complejos y cambiantes, tal como ocurre en la realidad.

- Explorar diferentes enfoques y perspectivas para resolver un mismo problema, ampliando tu capacidad analítica y crítica.

El propósito de este libro es proporcionarte:

1. Ejemplos prácticos que te servirán de referencia para enfrentar desafíos similares en el terreno.

2. Herramientas que fortalecerán tus habilidades analíticas, desarrolladas a través de la práctica constante.

3. Una comprensión profunda de los principios topográficos y su aplicación directa en proyectos de ingeniería y construcción de gran escala.

Este material está dirigido principalmente a estudiantes de ingeniería civil, construcción, geomensura y disciplinas afines, pero también es una valiosa fuente de actualización y mejora para profesionales que deseen perfeccionar su metodología de trabajo. Su enfoque progresivo y didáctico te permitirá avanzar a tu ritmo y aprovechar al máximo el contenido, independientemente de tu nivel de experiencia.

A lo largo de estas páginas, te desafiamos a desarrollar una visión analítica, a resolver problemas con precisión y a perfeccionar tus habilidades hasta convertirte en un experto capaz de afrontar cualquier reto topográfico. Este libro no solo te brindará las herramientas necesarias, sino que también te inspirará a explorar los límites de esta fascinante disciplina.

La topografía te invita a medir el mundo con precisión, analizar con claridad y construir con ingenio. Acepta el desafío de convertir tus habilidades topográficas en herramientas poderosas, capaces de marcar la diferencia en cada proyecto. Medir con exactitud, analizar con confianza y transformar tu conocimiento en soluciones innovadoras es la clave para dejar una huella en el mundo de la ingeniería.

Capítulo 1

Precisión y unidades de medida

En esta sección se establecen las directrices para el manejo de las unidades y la precisión en las mediciones topográficas utilizadas en este libro. Se detalla el uso del **Sistema Internacional de Unidades (SI)** como estándar principal, salvo indicación contraria.

- **Medidas métricas**: Todas las distancias se expresarán con una precisión de **tres decimales**, lo cual corresponde a la menor medida que puede obtenerse de instrumentos como una cinta métrica o una mira (estadal).

Figura 1.1: Ejemplo de medidas métricas.

- **Medidas angulares**: Los valores angulares se manejarán con **cuatro decimales**, ya que corresponde a la menor medida que puede obtenerse de instrumentos como taquímetros o estación total. Los ángulos serán trabajados en gradianes, salvo indicación contraria. Estos se basan en 400 partes, las conversiones entre fracciones de ángulos son más directas que en el sistema sexagesimal (360 partes), que tiene divisiones más complejas. Esto reduce la posibilidad de error durante las conversiones, como cuando se transforma de grados, minutos y segundos.

Figura 1.2: Ejemplo de medidas angulares.

Las ejemplos de las Figuras 1.1 y 1.2, se ilustran los criterios para registrar y presentar las medidas métricas y angulares, proporcionando una referencia para su correcta aplicación en los ejercicios y problemas prácticos.

Capítulo 2

Nivelación

Este capítulo introduce al lector en el concepto fundamental de la nivelación, una técnica topográfica esencial para determinar las alturas de puntos en el terreno. Se trabajarán los principios básicos de la nivelación y se presentarán las herramientas y métodos utilizados en la práctica.

En este capítulo se encuentran los siguientes tipos de ejercicios:

1. **Nivelación y Control de Alturas en Túneles:** Se utilizará la técnica de nivelación abierta para el riel de un túnel, enfocada en la determinación de cotas en puntos dentro de estructuras subterráneas, considerando las particularidades del entorno.

2. **Nivelación diferencial:** Se abordará la técnica de nivelación diferencial, la más común y versátil en topografía, enfocada en la determinación de desniveles entre puntos.

3. **Doble posición instrumental:** Se profundizará en la técnica de doble posición instrumental, la cual permite obtener cotas con mayor precisión, especialmente en terrenos irregulares.

A través de una serie de ejercicios prácticos, se busca que el estudiante comprenda los conceptos básicos de la nivelación y desarrolle las habilidades necesarias para realizar mediciones precisas en el campo. Este capítulo sienta las bases para la comprensión de técnicas topográficas y su aplicación en proyectos de ingeniería y construcción.

2.1. Nivelación y Control de Alturas en Túneles

Los ejercicios de túneles presentados en esta sección, están basados en un ejercicio cortesía del Ingeniero Raúl Arriata Figueroa.

2.1.1. Nivelación túnel - Ejercicio 1

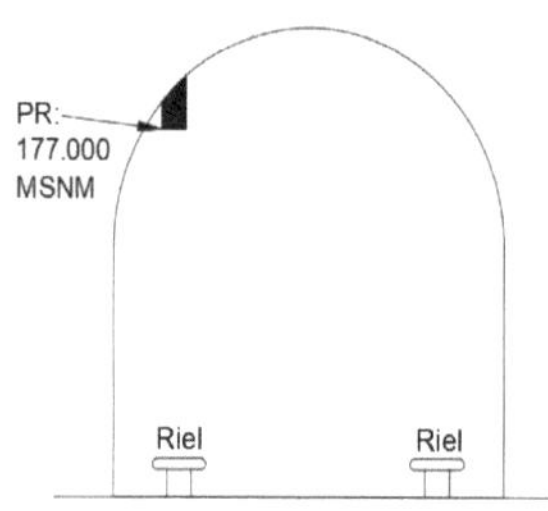

En el interior de un túnel ferroviario se ha detectado que un tramo de 50 metros de largo se encontraría desnivelado. En todo ese tramo, la vía debe mantenerse con una pendiente fija del 0.85 %.

Para constatar y evaluar el problema, se nivelan ambos rieles cada 10 metros. Al inicio de los 50 metros, los rieles se encuentran en posición altimétrica correcta, no así a los 10 metros, 20 metros, 30 metros, 40 metros y 50 metros, regularizándose la elevación de la vía a los 60 metros.

Se efectúa una nivelación, partiendo de un PR de 177.000 MSNM ubicado en el techo del túnel, obteniéndose los siguientes resultados para el riel izquierdo:

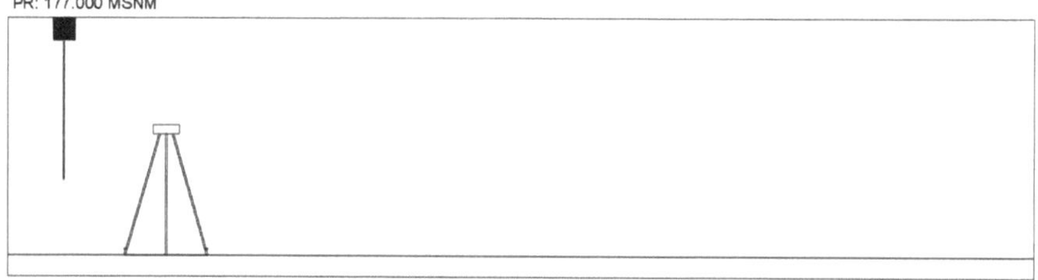

Figura 2.1: Perfil longitudinal túnel - Ejercicio 1.

Punto	Dist. acum	Vista atrás	Vista intermedia	Vista adelante	Cota instrumental	Cota
PR	-	3.451				
1	0.000		1.628			
2	10.000		1.442			
3	20.000		1.408			
PG1	-	1.447		1.595		
4	30.000		1.464			
5	40.000		1.551			
6	50.000		1.588			

Tabla 2.1: Datos nivelación túnel - Ejercicio 1

En el punto 1 (0.000 metros) se encuentra en posición altimétrica correcta, las lecturas las PG1 (adelante y atrás) se hace en el suelo.

Calcular el registro de nivelación de más arriba.

Indicar en cuantos milímetros se debe levantar o bajar el riel izquierdo a los 10, 20, 30, 40 y 50 metros para dejarlo correctamente posicionado.

Fórmula

- $Pendiente(\%) = \frac{\Delta Y}{\Delta X} \times 100$

Solución

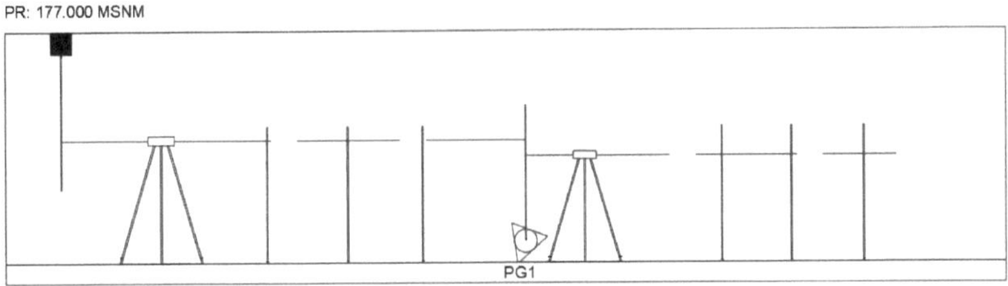

Figura 2.2: Solución gráfica nivelación túnel - Ejercicio 1

En un túnel, los puntos de referencia (PR) se ubican en altura para protegerlos del paso constante de equipos y maquinaria. En este caso, la vista atrás estará por encima de la posición del instrumento, por lo que la cota del instrumento será menor que la cota de referencia. Las cotas de cada punto del riel se calculan restando la lectura intermedia a la cota del instrumento.

Para resolver el problema, se agrega una columna llamada "Cota correcta", que representa las alturas ideales del riel. El punto 1, correctamente posicionado, se usa como referencia. A partir de ahí, se calculan las alturas de los siguientes puntos considerando la pendiente constante (0,85 %) y la distancia uniforme entre ellos (10 m).

Utilizando la fórmula de pendiente tenemos que $\Delta h = 0,085m$. Dado que la pendiente es constante, cada altura correcta se obtiene restando 0,085 m a la cota correcta anterior.

La columna "Diferencia" se calcula restando la cota correcta de la cota real, expresada en milímetros (multiplicando por 1000). Para determinar si el riel debe ajustarse, compare ambas columnas. Este análisis queda a criterio del lector.

Punto	Dist. Acum.	Vista Atrás	Vista Intermedia	Vista Adelante	Cota Instrumental	Cota	Cota Correcta	Diferencia mm	Sube o Baja
PR	-	3.451			173.549	177.000	-	-	-
1	0.000		1.628			171.921	171.921	0	-
2	10.000		1.442			172.107	171.836	271	Baja
3	20.000		1.408			172.141	171.751	390	Baja
PG1	-	1.447		1.595	173.401	171.954	-	-	-
4	30.000		1.464			171.937	171.666	271	Baja
5	40.000		1.551			171.850	171.581	269	Baja
6	50.000		1.588			171.813	171.496	317	Baja

Tabla 2.2: Solución nivelación túnel - Ejercicio 1

2.1.2. Nivelación túnel - Ejercicio 2

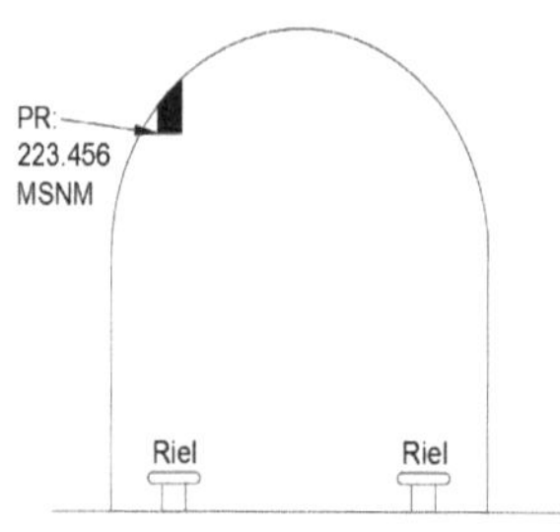

En el interior de un túnel ferroviario se ha detectado que un tramo de 50 metros de largo se encontraría desnivelado. En todo ese tramo, la vía debe mantenerse con una pendiente fija del 0,75 %.

Para constatar y evaluar el problema, se nivelan ambos rieles cada 10 metros. al inicio de los 50 metros, los rieles se encuentra en una posición altímetrica correcta, no así los a los 10, 20, 30, 40 y 50 metros regularizándose la elevación de la vía a los 60 metros.

Se efectúa una nivelación, partiendo de un PR de 223.456 MSNM ubicado en el techo del túnel, obteniéndose los siguientes resultados para el riel izquierdo:

Figura 2.3: Perfil longitudinal túnel - Ejercicio 2.

Punto	Dist. acum	Vista atrás	Vista intermedia	Vista adelante	Cota instrumental	Cota
PR	-	3.476				223.456
1	0.000		1.328			
2	10.000		1.404			
3	20.000		1.480			
PG1	-	2.857		2.355		
4	30.000		1.444			
5	40.000		1.510			
6	50.000		1.588			

Tabla 2.3: Datos nivelación túnel - Ejercicio 2

En el punto 1 (0.000 metros) se encuentra en posición altimétrica correcta, las lecturas las PG1 (adelante y atrás) se hace en el suelo.

Calcular el registro de nivelación de más arriba. Indicar en cuantos milímetros se debe levantar o bajar el riel izquierdo a los 10, 20, 30, 40 y 50 metros para dejarlo correctamente posicionado.

Fórmula

- $Pendiente(\%) = \frac{\Delta Y}{\Delta X} \times 100$

Solución

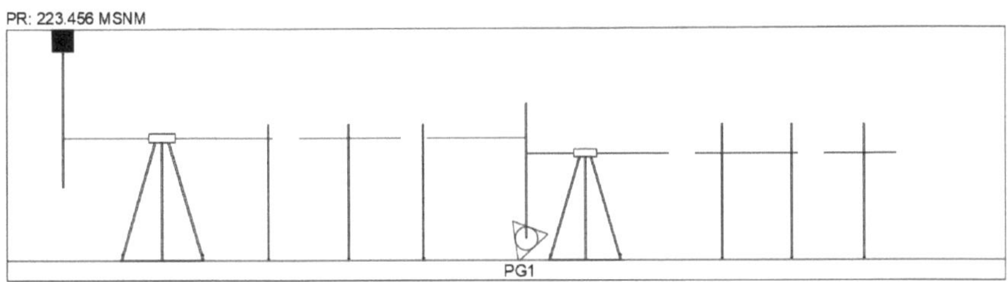

Figura 2.4: Solución gráfica nivelación túnel - Ejercicio 2

En un túnel, los puntos de referencia (PR) se ubican en altura para protegerlos del paso constante de equipos y maquinaria. En este caso, la vista atrás estará por encima de la posición del instrumento, por lo que la cota del instrumento será menor que la cota de referencia. Las cotas de cada punto del riel se calculan restando la lectura intermedia a la cota del instrumento.

Para resolver el problema, se agrega una columna llamada "Cota correcta", que representa las alturas ideales del riel. El punto 1, correctamente posicionado, se usa como referencia. A partir de ahí, se calculan las alturas de los siguientes puntos considerando la pendiente constante (0,75 %) y la distancia uniforme entre ellos (10 m).

Utilizando la fórmula de pendiente tenemos que $\Delta h = 0,075m$. Dado que la pendiente es constante, cada altura correcta se obtiene restando 0,075 m a la cota correcta anterior.

La columna "Diferencia" se calcula restando la cota correcta de la cota real, expresada en milímetros (multiplicando por 1000). Para determinar si el riel debe ajustarse, compare ambas columnas. Este análisis queda a criterio del lector.

Punto	Dist. Acum.	Vista Atrás	Vista Intermedia	Vista Adelante	Cota Instrumental	Cota	Cota Correcta	Diferencia mm	Sube o Baja
PR	-	3.476			**219.980**	223.456	-	-	-
1	0.000		1.328			**218.652**	**218.652**	0	-
2	10.000		1.404			**218.576**	**218.577**	1	**Sube**
3	20.000		1.480			**218.500**	**218.502**	2	**Sube**
PG1	-	2.875		2.355	**220.482**	217.625	-	-	-
4	30.000		1.444			**219.038**	**218.427**	611	**Baja**
5	40.000		1.510			**218.972**	**218.352**	620	**Baja**
6	50.000		1.588			**218.894**	**218.277**	617	**Baja**

Tabla 2.4: Solución nivelación túnel - Ejercicio 2

2.1.3. Nivelación túnel - Ejercicio 3

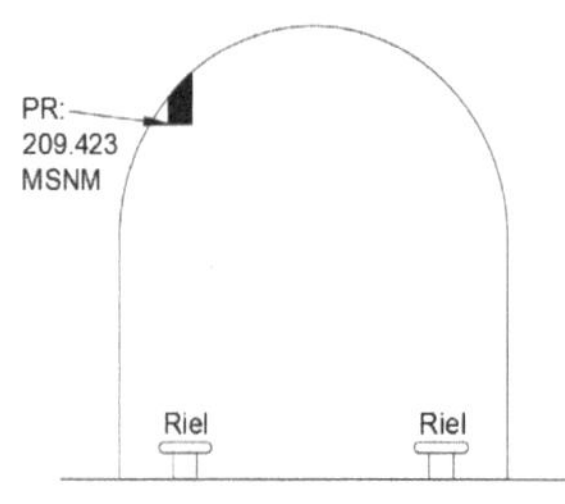

En el interior de un túnel ferroviario se ha detectado que un tramo de 50 metros de largo se encontraría desnivelado. En todo ese tramo, la vía debe mantenerse con una pendiente fija del 0,85 %.

Para constatar y evaluar el problema, se nivelan ambos rieles cada 10 metros. al inicio de los 50 metros, los rieles se encuentra en una posición altímetrica correcta, no así los a los 10, 20, 30, 40 y 50 metros regularizándose la elevación de la vía a los 60m.

Se efectúa una nivelación, partiendo de un PR de 209.423 MSNM ubicado en el techo del túnel, obteniéndose los siguientes resultados para el riel izquierdo

Figura 2.5: Perfil longitudinal túnel - Ejercicio 3.

Punto	Dist. acum	Vista atrás	Vista intermedia	Vista adelante	Cota instrumental	Cota
PR	-	3.400				209.423
1	0.000		1.328			
2	10.000		1.404			
3	20.000		1.480			
PG1	-	2.847		2.395		
4	30.000		1.444			
5	40.000		1.510			
6	50.000		1.588			

Tabla 2.5: Datos nivelación túnel - Ejercicio 3

En el punto 1 (0.000 metros) se encuentra en posición altimétrica correcta, las lecturas las PG1 (adelante y atrás) también son al techo.

Calcular el registro de nivelación de más arriba. Indicar en cuantos milímetros se debe levantar o bajar el riel izquierdo a los 10, 20, 30, 40 y 50 metros para dejarlo correctamente posicionado.

Fórmula

- $Pendiente(\%) = \frac{\Delta Y}{\Delta X} \times 100$

Solución

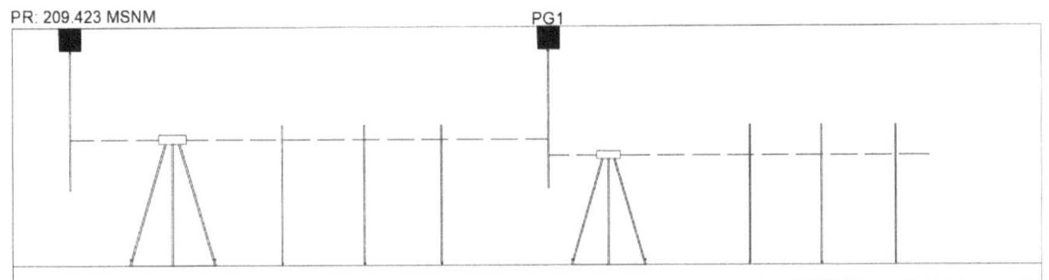

Figura 2.6: Solución gráfica nivelación túnel - Ejercicio 3

En un túnel, los puntos de referencia (PR) se ubican en altura para protegerlos del paso constante de equipos y maquinaria. En este caso, la vista atrás estará por encima de la posición del instrumento, por lo que la cota del instrumento será menor que la cota de referencia. Las cotas de cada punto del riel se calculan restando la lectura intermedia a la cota del instrumento.

Para resolver el problema, se agrega una columna llamada "Cota correcta", que representa las alturas ideales del riel. El punto 1, correctamente posicionado, se usa como referencia. A partir de ahí, se calculan las alturas de los siguientes puntos considerando la pendiente constante (0,85 %) y la distancia uniforme entre ellos (10 m).

Utilizando la fórmula de pendiente tenemos que $\Delta h = 0,085m$. Dado que la pendiente es constante, cada altura correcta se obtiene restando 0,085 m a la cota correcta anterior.

La columna "Diferencia" se calcula restando la cota correcta de la cota real, expresada en milímetros (multiplicando por 1000). Para determinar si el riel debe ajustarse, compare ambas columnas. Este análisis queda a criterio del lector.

Punto	Dist. Acum.	Vista Atrás	Vista Intermedia	Vista Adelante	Cota Instrumental	Cota	Cota Correcta	Diferencia mm	Sube o Baja
PR	-	3.400			**206.023**	209.423	-	-	-
1	0.000		1.328			**204.695**	**204.695**	0	-
2	10.000		1.404			**204.619**	**204.610**	9	**Baja**
3	20.000		1.480			**204.543**	**204.525**	18	**Baja**
PG1	-	2.847		2.395	**205.571**	208.418	-	-	-
4	30.000		1.444			**204.127**	**204.440**	313	**Sube**
5	40.000		1.510			**204.061**	**204.355**	294	**Sube**
6	50.000		1.588			**203.983**	**204.270**	287	**Sube**

Tabla 2.6: Solución nivelación túnel - Ejercicio 3

2.1.4. Nivelación túnel - Ejercicio 4

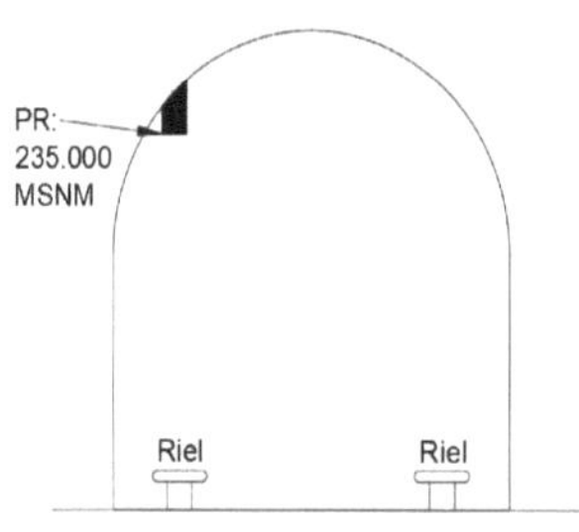

En el interior de un túnel ferroviario se ha detectado que un tramo de 90 metros de largo se encontraría desnivelado. En todo ese tramo la vía debe mantenerse con una pendiente fija de 0.65 %.

Para constatar y evaluar el problema, se nivelan ambos rieles cada 15 metros. al inicio de los 90 metros, los rieles se encuentran en posición altimétrica correcta. no así a los 15, 30, 45, 60 y 75 metros, regularizándose la elevación de la vía a los 90 metros.

Se efectúa una nivelación, partiendo de un PR, cuya cota es 235.000 MSNM y se encuentra ubicado en el techo del túnel, obteniéndose los siguientes resultados para izquierdo:

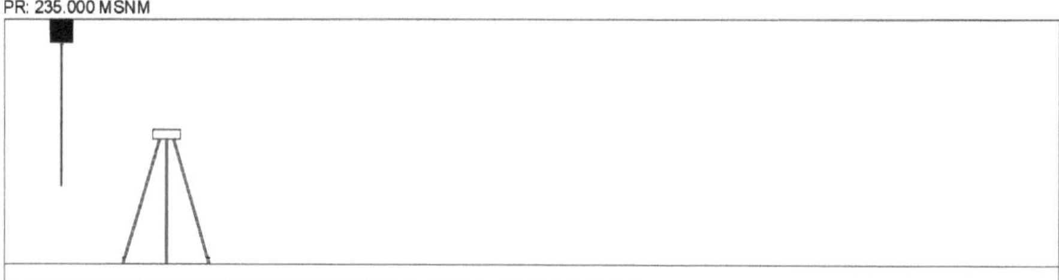

Figura 2.7: Perfil longitudinal túnel - Ejercicio 4.

Punto	Dist. acum	Vista atrás	Vista intermedia	Vista adelante	Cota instrumental	Cota
PR	-	3.567				235.000
1	0.000		1.328			
2	15.000		1.408			
3	30.000		1.483			
PG1	-	1.370		1.498		
4	45.000		1.447			
5	60.000		1.513			
6	75.000		1.585			

Tabla 2.7: Datos nivelación túnel - Ejercicio 4

El punto 1 (0.000) se encuentra en posición altimétrica correcta. Las lecturas al PG1 (adelante y atrás) se hacen en el suelo.

Calcula el registro de nivelación de más arriba. Indicar en cuantos milímetros se debe levantar o bajar el riel izquierdo a los 15, 30, 45, 60 y 75 metros para dejarlo correctamente posicionado.

Fórmula

- $Pendiente(\%) = \frac{\Delta Y}{\Delta X} \times 100$

Solución

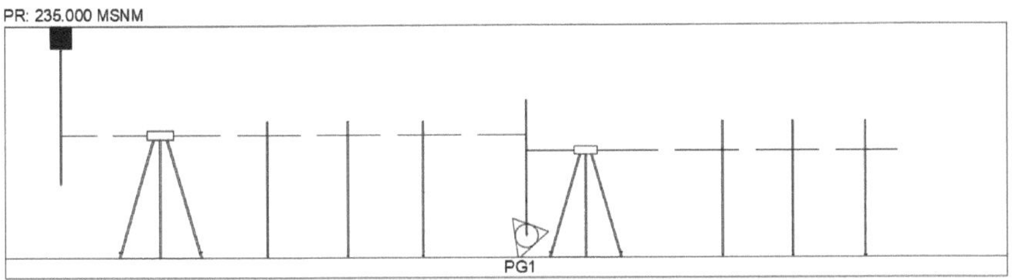

Figura 2.8: Solución gráfica nivelación túnel - Ejercicio 4

En un túnel, los puntos de referencia (PR) se ubican en altura para protegerlos del paso constante de equipos y maquinaria. En este caso, la vista atrás estará por encima de la posición del instrumento, por lo que la cota del instrumento será menor que la cota de referencia. Las cotas de cada punto del riel se calculan restando la lectura intermedia a la cota del instrumento.

Para resolver el problema, se agrega una columna llamada "Cota correcta", que representa las alturas ideales del riel. El punto 1, correctamente posicionado, se usa como referencia. A partir de ahí, se calculan las alturas de los siguientes puntos considerando la pendiente constante (0,65 %) y la distancia uniforme entre ellos (15 m).

Utilizando la fórmula de pendiente tenemos que $\Delta h = 0,0975m$. Dado que la pendiente es constante, cada altura correcta se obtiene restando 0,0975 m a la *cota correcta* anterior. En este caso conviene trabajar con este número con 4 decimales y se aproxima **el resultado** de la columna *cota correcta* a 3 decimales.

La columna "Diferencia" se calcula restando la cota correcta de la cota real, expresada en milímetros (multiplicando por 1000). Para determinar si el riel debe ajustarse, compare ambas columnas. Este análisis queda a criterio del lector.

Punto	Dist. Acum.	Vista Atrás	Vista Intermedia	Vista Adelante	Cota Instrumental	Cota	Cota Correcta	Diferencia mm	Sube o Baja
PR	-	3.567			**231.433**	235.000	-	-	-
1	0.000		1.328			**230.105**	**230.105**	0	-
2	15.000		1.408			**230.025**	**230.008**	18	**Baja**
3	30.000		1.483			**229.950**	**229.910**	40	**Baja**
PG1	-	1.370		1.498	**231.305**	229.935	-	-	-
4	45.000		1.447			**229.858**	**229.813**	46	**Baja**
5	60.000		1.513			**229.792**	**229.715**	77	**Baja**
6	75.000		1.585			**229.720**	**229.618**	103	**Baja**

Tabla 2.8: Solución nivelación túnel - Ejercicio 4

2.1.5.   Nivelación túnel - Ejercicio 5

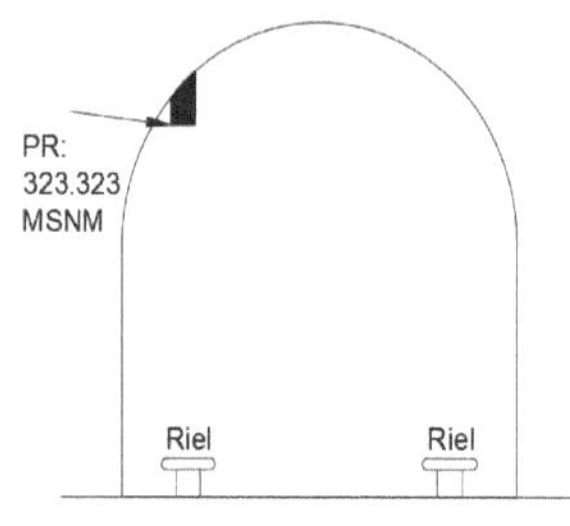

En el interior de un túnel ferroviario se ha detectado que un tramo de 90 metros de largo se encontraría desnivelado. En todo ese tramo la vía debe mantenerse con una pendiente fija de 2‰.

Para constatar y evaluar el problema, se nivelan ambos rieles cada 15 metros. al inicio de los 90 metros, los rieles se encuentran en posición altimétrica correcta. no así a los 15, 30, 45, 60 y 75 metros, regularizándose la elevación de la vía a los 90 metros.

Se efectúa una nivelación, partiendo de un PR, cuya cota es 323.323 MSNM y se encuentra ubicado en el techo del túnel, obteniéndose los siguientes resultados para izquierdo:

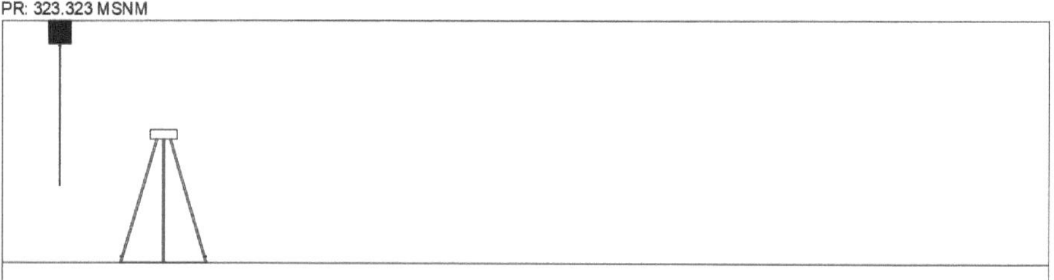

Figura 2.9: Perfil longitudinal túnel - Ejercicio 5.

Punto	Dist. acum	Vista atrás	Vista intermedia	Vista adelante	Cota instrumental	Cota
PR	-	3.567				323.323
1	0.000		1.328			
2	15.000		1.408			
3	30.000		1.483			
PG1	-	1.370		1.498		
4	45.000		1.447			
5	60.000		1.513			
6	75.000		1.585			

Tabla 2.9: Datos nivelación túnel - Ejercicio 5

El punto 1 (0.000) se encuentra en posición altimétrica correcta. Las lecturas al PG1 (adelante y atrás) se hacen en el suelo.

Calcula el registro de nivelación de más arriba. Indicar en cuantos milímetros se debe levantar o bajar el riel izquierdo a los 15, 30, 45, 60 y 75 metros para dejarlo correctamente posicionado.

Fórmula

- $Pendiente(\text{‰}) = \frac{\Delta Y}{\Delta X} \times 1000$

Solución

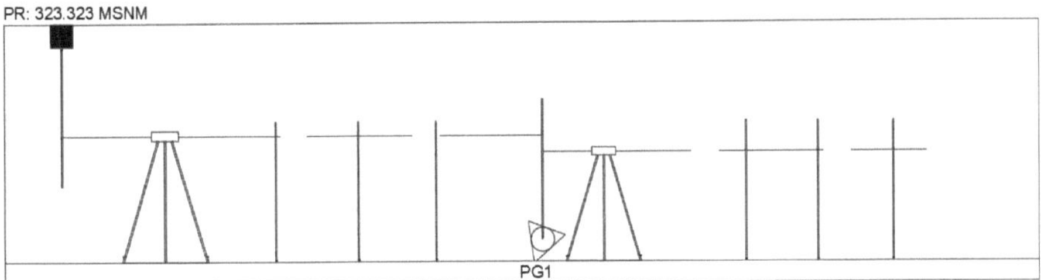

Figura 2.10: Solución gráfica nivelación túnel - Ejercicio 5

En un túnel, los puntos de referencia (PR) se ubican en altura para protegerlos del paso constante de equipos y maquinaria. En este caso, la vista atrás estará por encima de la posición del instrumento, por lo que la cota del instrumento será menor que la cota de referencia. Las cotas de cada punto del riel se calculan restando la lectura intermedia a la cota del instrumento.

Para resolver el problema, se agrega una columna llamada "Cota correcta", que representa las alturas ideales del riel. El punto 1, correctamente posicionado, se usa como referencia. A partir de ahí, se calculan las alturas de los siguientes puntos considerando la pendiente constante (2‰) y la distancia uniforme entre ellos (15 m).

Utilizando la fórmula de pendiente tenemos que $\Delta h = 0,030m$. Dado que la pendiente es constante, cada altura correcta se obtiene restando 0,030 m a la cota correcta anterior.

La columna "Diferencia" se calcula restando la cota correcta de la cota real, expresada en milímetros (multiplicando por 1000). Para determinar si el riel debe ajustarse, compare ambas columnas. Este análisis queda a criterio del lector.

Punto	Dist. Acum.	Vista Atrás	Vista Intermedia	Vista Adelante	Cota Instrumental	Cota	Cota Correcta	Diferencia mm	Sube o Baja
PR	-	3.567			319.756	323.323	-	-	-
1	0.000		1.328			318.428	318.428	0	-
2	15.000		1.408			318.348	318.398	50	Sube
3	30.000		1.483			318.273	318.368	95	Sube
PG1	-	1.370		1.498	319.628	318.258	-	-	-
4	45.000		1.447			318.181	318.338	157	Sube
5	60.000		1.513			318.115	318.308	193	Sube
6	75.000		1.585			318.043	318.278	235	Sube

Tabla 2.10: Solución nivelación túnel - Ejercicio 5

2.1.6. Nivelación túnel - Ejercicio 6

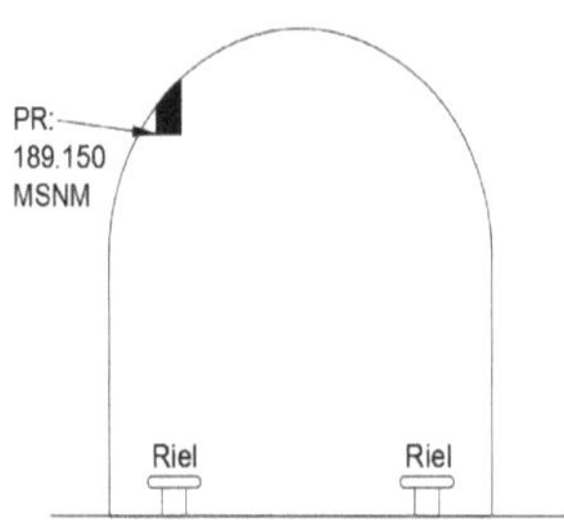

En el interior de un túnel ferroviario se ha detectado que un tramo de 50 metros de largo se encontraría desnivelado. En todo ese tramo la vía debe mantenerse con una pendiente fija de 0.95 %

Para constatar y evaluar el problema, se nivelan ambos rieles cada 10 metros. al inicio de los 50 metros, los rieles se encuentran en posición altimétrica correcta. no así a los 10, 20, 30, 40 y 50 metros, regularizándose la elevación de la vía a los 60 metros.

Se efectúa una nivelación, partiendo de un PR, cuya cota es 189.150 MSNM y se encuentra ubicado en el techo del túnel, obteniéndose los siguientes resultados para izquierdo:

Figura 2.11: Perfil longitudinal túnel - Ejercicio 6.

Punto	Dist. acum	Vista atrás	Vista intermedia	Vista adelante	Cota instrumental	Cota
PR	-	3.408				189.150
1	0.000		1.325			
2	10.021		1.407			
3	20.120		1.479			
PG1	-	2.844		2.391		
4	30.000		1.443			
5	40.050		1.508			
6	50.018		1.578			

Tabla 2.11: Datos nivelación túnel - Ejercicio 6

El punto 1 (0.000) se encuentra en posición altimétrica correcta. Las lecturas al PG1 (adelante y atrás) se hacen en el suelo.

Calcula el registro de nivelación de más arriba. Indicar en cuantos milímetros se debe levantar o bajar el riel izquierdo a los 10, 20, 30, 40 y 50 metros para dejarlo correctamente posicionado.

Fórmula

- $Pendiente(\%) = \frac{\Delta Y}{\Delta X} \times 100$

Solución

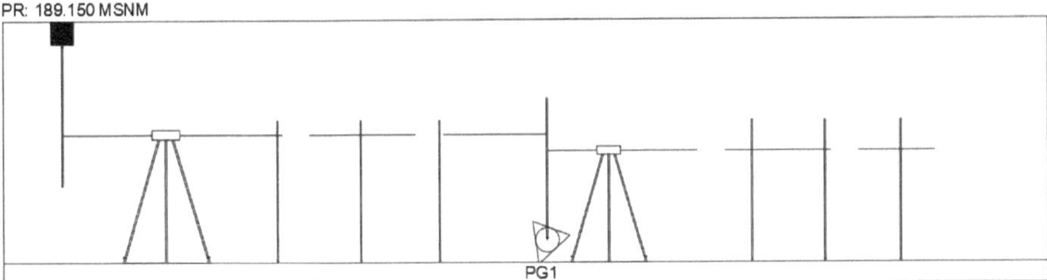

Figura 2.12: Solución gráfica nivelación túnel - Ejercicio 6

En un túnel, los puntos de referencia (PR) se ubican en altura para protegerlos del paso constante de equipos y maquinaria. En este caso, la vista atrás estará por encima de la posición del instrumento, por lo que la cota del instrumento será menor que la cota de referencia. Las cotas de cada punto del riel se calculan restando la lectura intermedia a la cota del instrumento.

Para resolver el problema, se agrega una columna llamada "Cota correcta", que representa las alturas ideales del riel. El punto 1, correctamente posicionado, se usa como referencia. A partir de ahí, se calculan las alturas de los siguientes puntos considerando la pendiente constante (0.95 %) y la distancia aproximada de 10 m entre ellos. El lector comprobará que una diferencia de pocos decimales en la distancia no afecta el cálculo de la diferencia de altura.

En este caso la diferencia de altura debe calcularse en cada caso utilizando la distancia parcial y los resultados serán $\Delta h \approx 0,095m$. Utilice el valor preciso de Δh en cada caso, siempre aproximando el resultado a 3 decimales.

La columna "Diferencia" se calcula restando la cota correcta de la cota real, expresada en milímetros (multiplicando por 1000). Para determinar si el riel debe ajustarse, compare ambas columnas. Este análisis queda a criterio del lector.

Punto	Dist. Acum.	Vista Atras	Vista Intermedia	Vista Adelante	Cota Instrumental	Cota	Cota Correcta	Diferencia mm	Sube o Baja
PR	-	3.408			**185.742**	189.150	-	-	-
1	0.000		1.325			184.417	184.417	0	-
2	10.021		1.407			184.335	184.322	13	Baja
3	20.120		1.479			184.263	184.226	37	Baja
PG1	-	2.844		2.391	**186.195**	183.351	-	-	-
4	30.000		1.443			184.752	184.132	620	Baja
5	40.050		1.508			184.687	184.037	650	Baja
6	50.018		1.578			184.617	183.942	675	Baja

Tabla 2.12: Solución nivelación túnel - Ejercicio 6

2.1.7. Nivelación túnel - Ejercicio 7

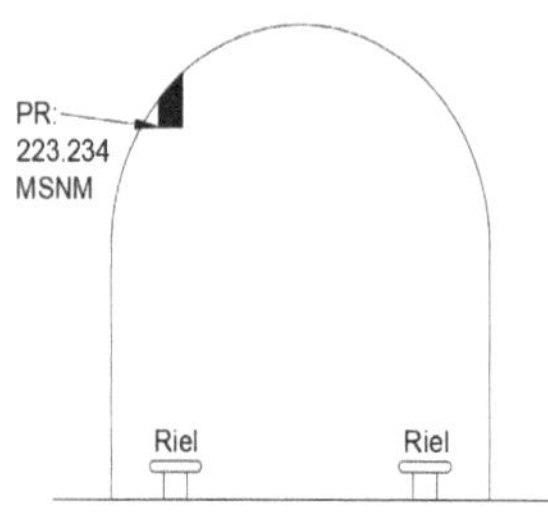

Al interior de un túnel ferroviario, se ha detectado que un tramo de 100 metros de largo se encontraría desnivelado. En todo ese tramo, la vía presenta dos pendiente diferentes de 2,5 % 20 ‰. La primera pendiente P_1 afecta desde el comienzo (0.000 Mts) hasta los 20 mts, la segunda pendiente P_2, se mantiene constante desde los 20 mts, hasta el final.

Para constatar y evaluar el problema, se nivelan ambos rieles cada 20 metros. Al inicio del tramo (punto 1), los rieles se encuentran en posición altimétrica correcta, no así en los puntos siguientes. La elevación de la vía se regulariza a los 120 mts.

Se efectúa una nivelación, partiendo de un PR_1 ubicado en el techo del túnel, cuya cota es de 223.234 MSNM, obteniéndose los siguientes resultados para el riel derecho:

Figura 2.13: Perfil longitudinal túnel - Ejercicio 7.

Punto	Dist. acum	Vista atrás	Vista intermedia	Vista adelante	Cota instrumental	Cota
PR_1	-	2.875				223.234
1	0.000		1.138			
2	19.998		1.404			
3	40.000		1.488			
PG_1	-	1.755		1.554		
4	59.984		1.344			
5	80.033		1.410			
6	99.988		1.488			
PR_2	-			2.432		

Tabla 2.13: Datos nivelación túnel - Ejercicio 7

Las lectura a los puntos de giro se efectúan al suelo, solo los PR´s se miden al techo.

- Calcular el registro de nivelación cerrada de más arriba.

- Indicar en cuantos milímetros se debe levantar o bajar el riel derecho en cada tramo, para dejarlo correctamente posicionado.

Fórmula

- $Pendiente(\%) = \frac{\Delta Y}{\Delta X} \times 100$

Solución

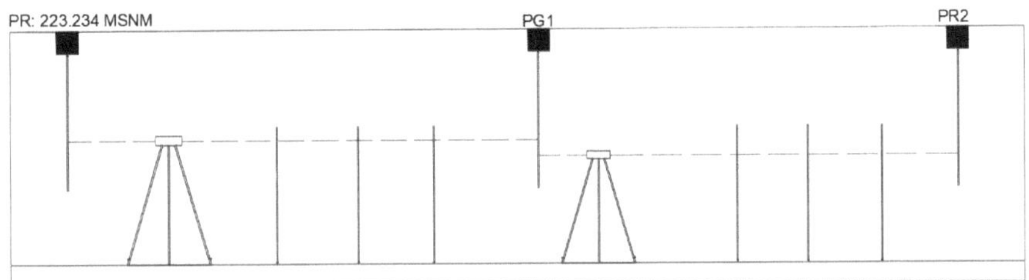

Figura 2.14: Solución gráfica nivelación túnel - Ejercicio 7

En un túnel, los puntos de referencia (PR) se ubican en altura para protegerlos del paso constante de equipos y maquinaria. En este caso, la vista atrás estará por encima de la posición del instrumento, por lo que la cota del instrumento será menor que la cota de referencia. Las cotas de cada punto del riel se calculan restando la lectura intermedia a la cota del instrumento.

Para resolver el problema, se agrega una columna llamada "Cota correcta", que representa las alturas ideales del riel. El punto 1, correctamente posicionado, se usa como referencia. A partir de ahí, se calculan las alturas de los siguientes puntos considerando las pendientes 2,5 % 20 ‰y la distancia aproximada de 20 m entre ellos. El lector comprobará que una diferencia de pocos decimales en la distancia no afecta el cálculo de la diferencia de altura.

En este caso la diferencia de altura debe calcularse en cada caso utilizando la distancia parcial y los resultados serán $\Delta h \approx 0,5m$ para la primera pendiente y $0,4m$ en el segundo caso. Utilice el valor preciso de Δh en cada caso, siempre aproximando el resultado a 3 decimales.

La columna "Diferencia" se calcula restando la cota correcta de la cota real, expresada en milímetros (multiplicando por 1000). Para determinar si el riel debe ajustarse, compare ambas columnas. Este análisis queda a criterio del lector.

Punto	Dist. Acum.	Vista Atras	Vista Intermedia	Vista Adelante	Cota Instrumental	Cota	Cota Correcta	Diferencia mm	Sube o Baja
PR_1	-	2.875			**220.359**	223.234	-	-	-
1	0.000		1.138			**219.221**	**219.221**	**0**	-
2	19.998		1.404			**218.955**	**218.721**	**234**	**Baja**
3	40.000		1.488			**218.871**	**218.321**	**550**	**Baja**
PG_1	-	1.755		1.554	**220.158**	**221.913**	-	-	-
4	59.984		1.344			**218.814**	**217.921**	**893**	**Baja**
5	80.033		1.410			**218.748**	**217.520**	**1228**	**Baja**
6	99.988		1.488			**218.670**	**217.121**	**1549**	**Baja**
PR_2	-			2.432		**222.590**	-	-	-

Tabla 2.14: Solución nivelación túnel - Ejercicio 7

2.1.8. Nivelación túnel - Ejercicio 8

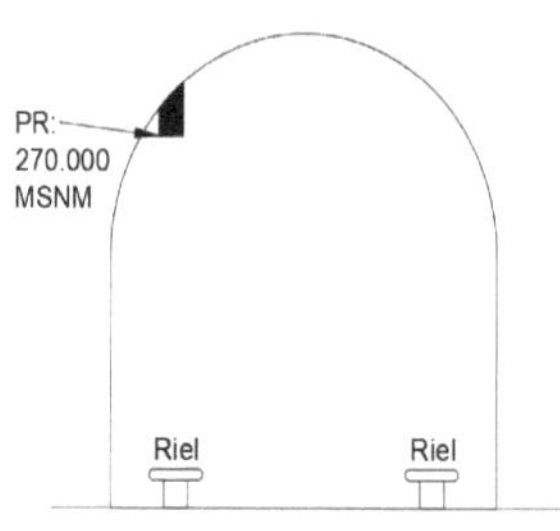

En el interior de un túnel ferroviario se ha detectado que un tramo de 50 metros de largo se encontraría desnivelado. En todo ese tramo, la vía debe mantenerse con una pendiente fija del 0.85 %.

Para constatar y evaluar el problema, se nivelan ambos rieles cada 10 metros.

Al inicio de los 50 mtrs, los rieles se encuentran en posición altimétrica correcta, no así a los 10, 20, 30, 40 y 50 metros, regularizándose la elevación de la vía a los 60m.

Se efectúa una nivelación, partiendo de un PR DE 270.000 MSNM ubicado en el techo del túnel, obteniéndose los siguientes resultados para el riel izquierdo:

Figura 2.15: Perfil longitudinal túnel - Ejercicio 8.

Punto	Dist. acum	Vista atrás	Vista intermedia	Vista adelante	Cota instrumental	Cota
PR_1	-	3.600				270.000
1	0.000		1.328			
2	10.000		1.404			
3	20.000		1.480			
PC_1	-	1.748		1.595		
4	30.000		1.444			
5	40.000		1.510			
6	50.000		1.588			
PR_2	-			2.432		

Tabla 2.15: Datos nivelación túnel - Ejercicio 8

El punto 1 (0.000 m) se encuentra en posición altimétrica correcta. Las lecturas al PC_1 (adelante y atrás) también son al techo.

Al respecto, se solicita calcular el registro de nivelación de más arriba e indicar cuántos milímetros se debe levantar o bajar el riel izquierdo a los 10, 20, 30, 40 y 50 metros para dejarlo correctamente posicionado.

Fórmula

- $Pendiente(\%) = \frac{\Delta Y}{\Delta X} \times 100$

Solución

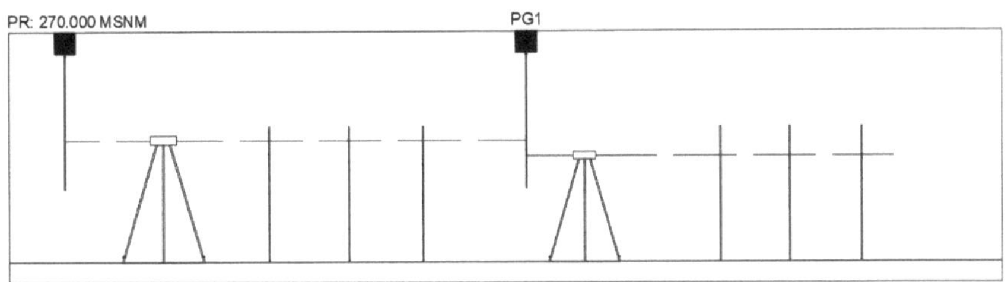

Figura 2.16: Solución gráfica nivelación túnel - Ejercicio 8

En un túnel, los puntos de referencia (PR) se ubican en altura para protegerlos del paso constante de equipos y maquinaria. En este caso, la vista atrás estará por encima de la posición del instrumento, por lo que la cota del instrumento será menor que la cota de referencia. Las cotas de cada punto del riel se calculan restando la lectura intermedia a la cota del instrumento.

Para resolver el problema, se agrega una columna llamada "Cota correcta", que representa las alturas ideales del riel. El punto 1, correctamente posicionado, se usa como referencia. A partir de ahí, se calculan las alturas de los siguientes puntos considerando la pendiente constante (0,85 %) y la distancia uniforme entre ellos (10 m).

Utilizando la fórmula de pendiente tenemos que $\Delta h = 0,085m$. Dado que la pendiente es constante, cada altura correcta se obtiene restando 0,085 m a la cota correcta anterior.

La columna "Diferencia" se calcula restando la cota correcta de la cota real, expresada en milímetros (multiplicando por 1000). Para determinar si el riel debe ajustarse, compare ambas columnas. Este análisis queda a criterio del lector.

Punto	Dist. Acum.	Vista Atrás	Vista Intermedia	Vista Adelante	Cota Instrumental	Cota	Cota Correcta	Diferencia mm	Sube o Baja
PR_1	-	3.600			**266.400**	270.000	-	-	-
1	0.000		1.328			**265.072**	**265.072**	0	-
2	10.000		1.404			**264.996**	**264.987**	9	Baja
3	20.000		1.480			**264.920**	**264.902**	18	Baja
PC_1	-	1.748		1.595	**266.247**	267.995	-	-	-
4	30.000		1.444			**264.803**	**264.817**	14	Sube
5	40.000		1.510			**264.737**	**264.732**	5	Baja
6	50.000		1.588			**264.659**	**264.647**	12	Baja
PR_2	-			2.432		**268.679**	-	-	-

Tabla 2.16: Solución nivelación túnel - Ejercicio 8

2.2.   Nivelación diferencial

2.2.1.   Nivelación diferencial - Ejercicio 1

Se requiere calcular la cota a la orilla de una laguna, como se muestra en la figura. La nivelación de un PR ubicado en un viejo roble tal como se muestra en la figura. Calcular la cota al otro lado de la laguna.

Este ejercicio está basado en el libro de [Wolf and Ghilani, 2018]

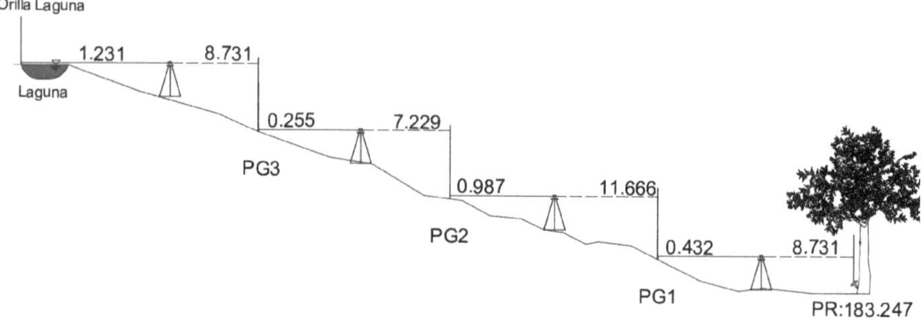

Figura 2.17: Esquema nivelación diferencial - Ejercicio 1

Pto	Atrás	Intermedia	Adelante	hi	Cota
PR					
PG1					
PG2					
PG3					
Laguna					

Tabla 2.17: Nivelación diferencial - Ejercicio 1

Solución

Para resolver este ejercicio, el instrumento se coloca inicialmente cerca del PR ubicado en el roble y se comienza midiendo hacia atrás. Excepto en la laguna, no hay vistas intermedias, por lo que todas las mediciones se registran como atrás o adelante en la tabla, según corresponda. Para determinar la cota de la orilla más lejana de la laguna, es suficiente conocer la cota de la orilla más cercana, ya que el nivel del agua es uniforme debido al equilibrio hidrostático, resultado de la acción de la gravedad.

La cota de la laguna es 205.277 MSNM

Pto	Atrás	Intermedia	Adelante	hi	Cota
PR	8.731			**191.978**	183.247
PG1	11.666		0.432	**203.212**	**191.546**
PG2	7.229		0.987	**209.454**	**202.225**
PG3	8.371		0.225	**217.930**	**209.199**
Laguna		1.231			**216.699**

Tabla 2.18: Resultados nivelación diferencial - Ejercicio 1

2.2.2. Nivelación diferencial - Ejercicio 2

Se requiere instalar una tubería con una pendiente de un 7 %, partiendo del PR1 que se indica en lo más alto de un cerro. Para verificar las condiciones existentes en terreno se efectúa una nivelación cada 20 metros y se deja un PR temporal (PR2) en un roble viejo que indica en la ilustración.

Calcular el registro de nivelación de la gráfica e indicar si se debe excavar o rellenar el terreno para que cumpla con la pendiente requerida para la instalación de la tubería. Utilice la cota 183.247 MSNM

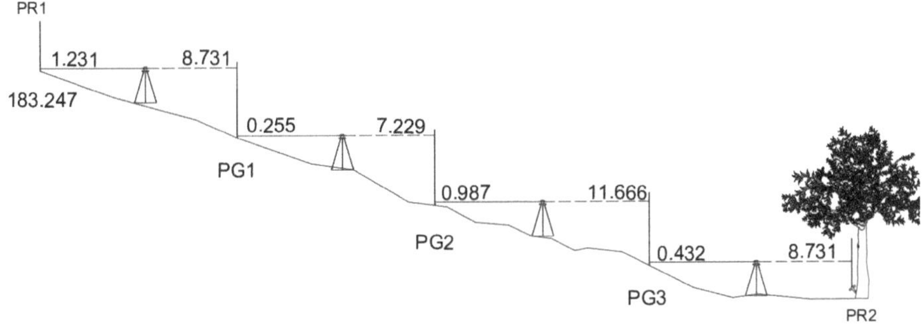

Figura 2.18: Esquema nivelación diferencial - Ejercicio 2

Pto	Atrás	Intermedia	Adelante	hi	Cota
PR1					
PG1					
PG2					
PG3					
PR2					

Tabla 2.19: Nivelación diferencial - Ejercicio 2

Fórmula

- $Pendiente(\%) = \frac{\Delta Y}{\Delta X} \times 100$

Solución

Para resolver este ejercicio, el instrumento se coloca inicialmente cerca del PR1 ubicado en el cerro y se comienza midiendo hacia atrás. En este caso no hay vistas intermedias, por lo que todas las mediciones se registran como atrás o adelante en la tabla, según corresponda.

Pto	Atrás	Intermedia	Adelante	hi	Cota
PR	1.231			**184.478**	183.247
PG1	0.255		8.731	**176.002**	**175.747**
PG2	0.987		7.229	**169.760**	**168.773**
PG3	0.432		11.666	**158.526**	**158.094**
PR2			8.731		**149.795**

Tabla 2.20: Resultados nivelación diferencial - Ejercicio 2

Teniendo la cota del PR en lo alto del cerro PR1 = 183.247 MSNM, se calcula la cota de la tubería con una pendiente del 7 % cada 20 metros

Punto	Distancia acumulada	Cota terreno	Cota tubería	Excavar o rellenar
PR2	0.000	183.247	183.247	
PG3	20.000	175.747	**181.847**	**Rellenar**
PG2	40.000	168.773	**180.447**	**Rellenar**
PG1	60.000	158.094	**179.047**	**Rellenar**
PR	80.000	149.795	**177.647**	**Rellenar**

Tabla 2.21: Resultado excavación o relleno de tubería - Ejercicio 2

2.3. Doble posición instrumental

2.3.1. Doble posición instrumental - Ejercicio 1

El siguiente registro corresponde a una nivelación por doble posición instrumental.

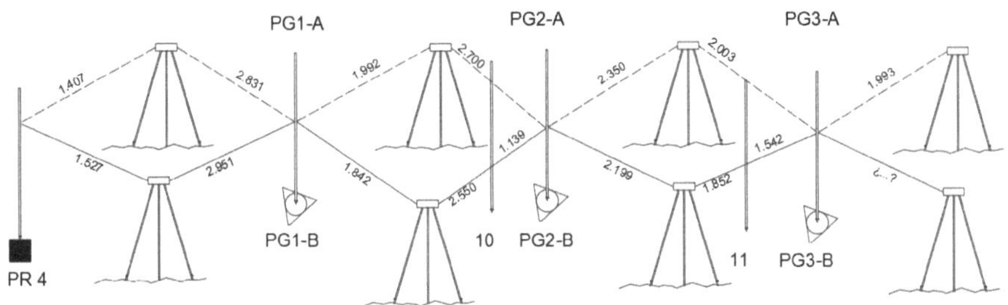

Figura 2.19: Representación doble posición - Ejercicio 1

Punto	Atrás	Intermedia	Adelante	Cota instrum.	Cota
PR_4	1.407				127.241
PR_4	1.527				127.241
PG_{1-A}	1.992		2.831		
PG_{1-B}	1.842		2.951		
10		1.139			
PG_{2-A}	2.350		2.700		
PG_{2-B}	2.199		2.550		
11		1.542			
PG_{3-A}	1.993		2.003		
PG_{3-B}	¿...?		1.852	Cota PR_4 - 0.231	

Tabla 2.22: Datos doble posición instrumental - Ejercicio 1

- Calcular la cartilla de nivelación y completar estrictamente lo que corresponda
- Determinar la cota del PG_{3-B}

Solución

1. Punto de Referencia (PR4): Se parte de un punto de referencia conocido, PR4, con una cota de 127.241 MSNM.

2. Primera Posición Instrumental (A): Se instala la primera posición (A) y se realiza la lectura en la mira ubicada en PR4 (lectura hacia atrás). Con esta lectura, se calcula la cota instrumental. A continuación, se realiza la lectura hacia adelante con la mira posicionada en el punto de giro (PG1-A). Con esta lectura, se obtiene la cota de PG1-A.

3. Segunda Posición Instrumental (B): Se cambia la posición del nivel a la segunda posición (B). Se realiza la lectura hacia atrás con la mira en PR4, obteniendo una segunda cota instrumental. La lectura hacia adelante se realiza en la misma mira (PG1), obteniendo la cota de PG1-B. Es crucial que la cota de PG1-A y PG1-B coincidan, ya que ambas lecturas se realizan en la misma mira.

4. Lectura Intermedia: Después de PG1, se realiza una lectura intermedia 10 para corroborar los datos, así también en el punto 11.

5. Cambio de Posición y Lecturas: Se repite el proceso de cambio de posición y lectura para los puntos de giro PG2 y PG3. En cada caso, las cotas calculadas en las dos posiciones instrumentales (A y B) deben ser iguales.

6. Última Lectura: En la última lectura, en PG3-B, no se tiene registro de la lectura hacia atrás. Sin embargo, se conoce la diferencia de 0.231 entre la cota instrumental y la cota de PR4, así como la cota del terreno. Con esta información, se puede calcular la lectura hacia atrás, resolviendo la diferencia entre la cota del terreno y la cota instrumental.

Punto	Atrás	Intermedia	Adelante	Cota instrum.	Cota
PR_4	1.407			**128.649**	127.241
PR_4	1.527			**128.649**	127.241
PG_{1-A}	1.992		2.831	**127.809**	**125.817**
PG_{1-B}	1.842		2.951	**127.659**	**125.817**
10		1.139			**126.520**
PG_{2-A}	2.350		2.700	**127.459**	**125.109**
PG_{2-B}	2.199		2.550	**127.308**	**125.109**
11		1.542			**125.766**
PG_{3-A}	1.993		2.003	**127.449**	**125.456**
PG_{3-B}	**1.554**		1.852	**127.010**	**125.456**

Tabla 2.23: Resultados doble posición instrumental - Ejercicio 1

2.3.2. Doble posición instrumental - Ejercicio 2

El siguiente registro corresponde a una nivelación por doble posición instrumental.

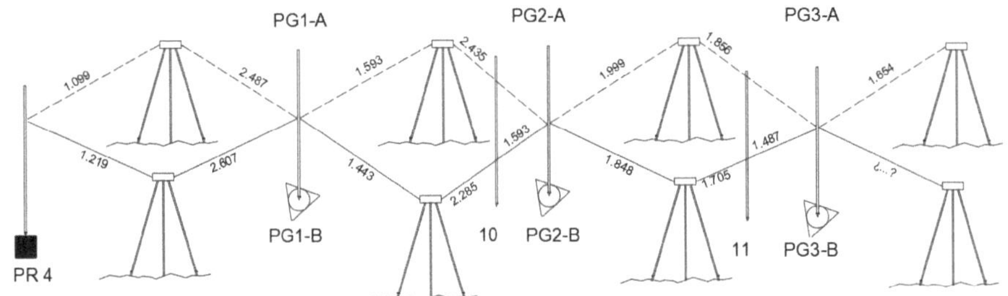

Figura 2.20: Representación doble posición - Ejercicio 2

Punto	Atrás	Intermedia	Adelante	Cota instrum.	Cota
PR_4	1.099				168.444
PR_4	1.219				
PG_{1-A}	1.593		2.487		
PG_{1-B}	1.443		2.607		
10		1.593			
PG_{2-A}	1.999		2.435		
PG_{2-B}	1.848		2.285		
11		1.487			
PG_{3-A}	1.654		1.856		
PG_{3-B}	¿...?		1.705	Cota PR_4 - 0.456	

Tabla 2.24: Datos doble posición instrumental - Ejercicio 2

- Calcular la cartilla de nivelación y completar estrictamente lo que corresponda
- Determinar la cota del PG_{3-B}

Solución

1. Punto de Referencia (PR4): Se parte de un punto de referencia conocido, PR4, con una cota de 168.444 MSNM.

2. Primera Posición Instrumental (A): Se instala la primera posición (A) y se realiza la lectura en la mira ubicada en PR4 (lectura hacia atrás). Con esta lectura, se calcula la cota instrumental. A continuación, se realiza la lectura hacia adelante con la mira posicionada en el punto de giro (PG1-A). Con esta lectura, se obtiene la cota de PG1-A.

3. Segunda Posición Instrumental (B): Se cambia la posición del nivel a la segunda posición (B). Se realiza la lectura hacia atrás con la mira en PR4, obteniendo una segunda cota instrumental. La lectura hacia adelante se realiza en la misma mira (PG1), obteniendo la cota de PG1-B. Es crucial que la cota de PG1-A y PG1-B coincidan, ya que ambas lecturas se realizan en la misma mira.

4. Lectura Intermedia: Después de PG1, se realiza una lectura intermedia 10 para corroborar los datos, así también en el punto 11.

5. Cambio de Posición y Lecturas: Se repite el proceso de cambio de posición y lectura para los puntos de giro PG2 y PG3. En cada caso, las cotas calculadas en las dos posiciones instrumentales (A y B) deben ser iguales.

6. Última Lectura: En la última lectura, en PG3-B, no se tiene registro de la lectura hacia atrás. Sin embargo, se conoce la diferencia de 0.456 entre la cota instrumental y la cota de PR4, así como la cota del terreno. Con esta información, se puede calcular la lectura hacia atrás, resolviendo la diferencia entre la cota del terreno y la cota instrumental.

Punto	Atrás	Intermedia	Adelante	Cota instrum.	Cota
PR_4	1.099			**169.543**	168.444
PR_4	1.219			**169.663**	168.444
PG_{1-A}	1.593		2.487	**168.649**	**167.056**
PG_{1-B}	1.443		2.607	**168.499**	**167.056**
10		1.593			**166.906**
PG_{2-A}	1.999		2.435	**168.213**	**166.214**
PG_{2-B}	1.848		2.285	**168.062**	**166.214**
11		1.487			**166.575**
PG_{3-A}	1.654		1.856	**168.011**	**166.357**
PG_{3-B}	**1.631**		1.705	**167.988**	**166.357**

Tabla 2.25: Resultados doble posición instrumental - Ejercicio 2

Capítulo 3

Cubicaciones de perfiles y cálculo de cotas

Este capítulo explora el concepto de pendiente, un elemento fundamental en la ingeniería que define la inclinación de una superficie o línea respecto a la horizontal. La comprensión de la pendiente es crucial para el diseño y construcción de obras de infraestructura, ya que determina aspectos esenciales como el flujo de agua, la estabilidad de taludes, la capacidad de carga de suelos y la eficiencia de sistemas de drenaje.

A través de una serie de ejercicios prácticos, el estudiante desarrollará las siguientes habilidades:

1. **Análisis Geométrico de Perfiles**: El estudiante aprenderá a analizar perfiles topográficos a través de la cubicación de estos, identificando la pendiente en diferentes secciones del terreno. Desarrollará la capacidad de calcular la pendiente de una línea o superficie, utilizando diferentes métodos y herramientas, y aplicar estos conocimientos para la cubicación de volúmenes de tierra en proyectos de movimiento de tierras. Este análisis permitirá determinar la cantidad de material a excavar o rellenar, optimizando los procesos de construcción y minimizando los costos asociados.

2. **Diseño de Sistemas de Drenaje**: El estudiante se enfrentará al desafío de calcular sistemas de drenaje eficientes, aplicando los principios de la pendiente para garantizar un adecuado flujo de agua. Aprenderá a calcular la pendiente necesaria para la construcción de canales, drenajes y sistemas de evacuación de aguas pluviales, considerando las características del terreno y las necesidades del proyecto. Este conocimiento permitirá prevenir inundaciones, erosión y daños en las estructuras, garantizando la seguridad y funcionalidad de las obras de ingeniería.

Este capítulo proporciona las herramientas y conocimientos necesarios para comprender la importancia de la pendiente en la ingeniería y construcción. Dominar el análisis y cálculo de la pendiente permitirá al estudiante diseñar obras de infraestructura con mayor seguridad, eficiencia y sostenibilidad, garantizando la correcta gestión del flujo de agua y la estabilidad de las estructuras.

3.1. Cubicación de perfiles longitudinales

En esta sección se trabajará con cotas con dos decimales, ya que las excavaciones se controlan al centímetro y resulta poco factible alcanzar precisiones milimétricas en este tipo de trabajos.

3.1.1. Cubicación perfil longitudinal - Ejercicio 1

La figura muestra un perfil longitudinal de la proyección de una tubería entre las cámaras de inspección existentes N38 y N24a. Calcule los metros cúbicos de terreno a excavar de los tramos, considerando las cotas de las cámaras a eje y el ancho de excavación de 50 cm.

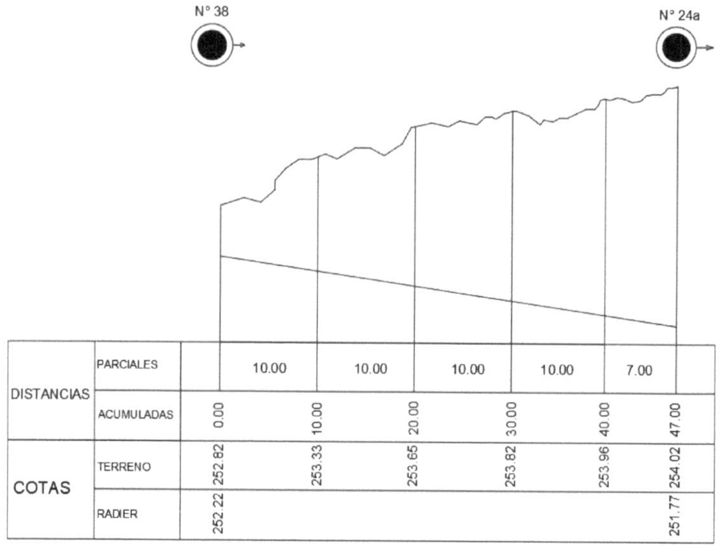

DISTANCIAS	PARCIALES		10.00	10.00	10.00	10.00	7.00	
	ACUMULADAS	0.00	10.00	20.00	30.00	40.00	47.00	
COTAS	TERRENO	252.82	253.33	253.65	253.82	253.96	254.02	
	RADIER	252.22					251.77	

Figura 3.1: Perfil longitudinal de excavación - Ejercicio 1

Fórmulas

- $Pendiente(\%) = \frac{\Delta h}{Distancia} \times 100$
- $Area\ trapecio = \frac{h_1 + h_2}{2} \times Distancia$

Solución

La pendiente no se indica en el enunciado, pero puede calcularse a partir de las cotas de radier y la distancia entre ellas, obteniendo P $= 0.957\,\%$. Esta pendiente se empleará para calcular las cotas de radier faltantes en cada tramo.

Con las cotas de radier calculadas, se determinará el área de cada tramo mediante la fórmula del trapecio. Para ello, se restará la cota de terreno de la cota de radier para obtener las alturas. Con estas alturas y la distancia, se calculará el área de cada tramo. La suma de estas áreas se multiplicará por el ancho de la excavación para determinar el volumen total a excavar.

Es importante señalar que no se consideró el esponjamiento del terreno, ya que este tema excede el alcance topográfico.

Corte	Distancia parcial	Distancia acumulada	Cota terreno	Cota radier	Altura (h)	Área
1	0.00	0.00	252.82	252.22	**0.600**	
2	10.00	10.00	253.33	**252.124**	**1.206**	**9.029**
3	10.00	20.00	253.65	**252.029**	**1.621**	**14.136**
4	10.00	30.00	253.82	**251.933**	**1.887**	**17.544**
5	10.00	40.00	253.96	**251.837**	**1.123**	**20.051**
6	7.00	47.00	254.02	251.770	**2.250**	**15.305**
					Total	**76.065**

Tabla 3.1: Resultados cubicación perfil longitudinal - Ejercicio 1

Nota: La pediente se trabajó con 4 decimales para no afectar a aproximación.

El volumen total de la excavación es de 38.033 m^3, para efectos de transporte o utilización de maquinaria se suele considerar el valor aproximado ($\approx 38m^3$).

3.1.2.   Cubicación perfil longitudinal - Ejercicio 2

La figura muestra un perfil longitudinal de la proyección de una tubería entre las cámaras de inspección existentes N38 y N 24a.

Calcule los metros cúbicos de terreno a excavar, considere las cotas de las cámaras a eje. El ancho de la excavación es de 49 cm, la cota de radier de 181.93 m y la pendiente de la tubería de 2.97 %.

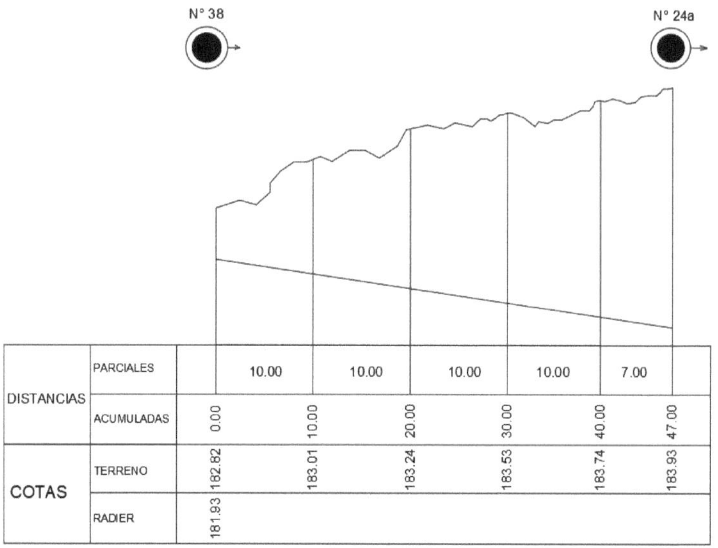

DISTANCIAS	PARCIALES		10.00	10.00	10.00	10.00	7.00	
	ACUMULADAS	0.00	10.00	20.00	30.00	40.00	47.00	
COTAS	TERRENO	182.82	183.01	183.24	183.53	183.74	183.93	
	RADIER	181.93						

Figura 3.2: Perfil longitudinal de excavación - Ejercicio 2

Fórmulas:

- $Pendiente(\%) = \frac{\Delta h}{Distancia} \times 100$

- $\acute{A}rea\ trapecio = \frac{h_1 + h_2}{2} \times Distancia$

Solución:

Se tiene que P $= 2.97\,\%$. Esta pendiente se empleará para calcular las cotas de radier faltantes en cada tramo.

Con las cotas de radier calculadas, se determinará el área de cada tramo mediante la fórmula del trapecio. Para ello, se restará la cota de terreno de la cota de radier para obtener las alturas. Con estas alturas y la distancia, se calculará el área de cada tramo. La suma de estas áreas se multiplicará por el ancho de la excavación para determinar el volumen total a excavar.

Es importante señalar que no se consideró el esponjamiento del terreno, ya que este tema excede el alcance topográfico.

Corte	Distancia parcial	Distancia acumulada	Cota terreno	Cota radier	Altura	Área
1	0.00	0.00	182.82	181.930	**0.890**	
2	10.00	10.00	183.01	**181.633**	**1.377**	**11.335**
3	10.00	20.00	183.24	**181.336**	**1.904**	**16.405**
4	10.00	30.00	183.59	**181.039**	**2.491**	**21.975**
5	10.00	40.00	183.74	**180.742**	**2.998**	**27.445**
6	7.00	47.00	183.93	**180.534**	**3.396**	**22.379**
					Total	**99.539**

Tabla 3.2: Resultados cubicación perfil longitudinal - Ejercicio 2

El volumen total de la excavación es de 48.774 m^3, para efectos de transporte o utilización de maquinaria se suele considerar el valor aproximado ($\approx 49m^3$).

3.1.3. Cubicación perfil longitudinal - Ejercicio 3

La figura muestra un perfil longitudinal de la proyección de la tubería entre las cámaras de inspección existentes N38 y N24a

Calcule los metros cúbicos de terreno a excavar y la cantidad de arena a ocupar considerando una cama de arena de 15 cm, por debajo y sobre la tubería de PVC de 250mm. El ancho de la excavación es de 62.5 cm y la pendiente de la tubería es de 3 %

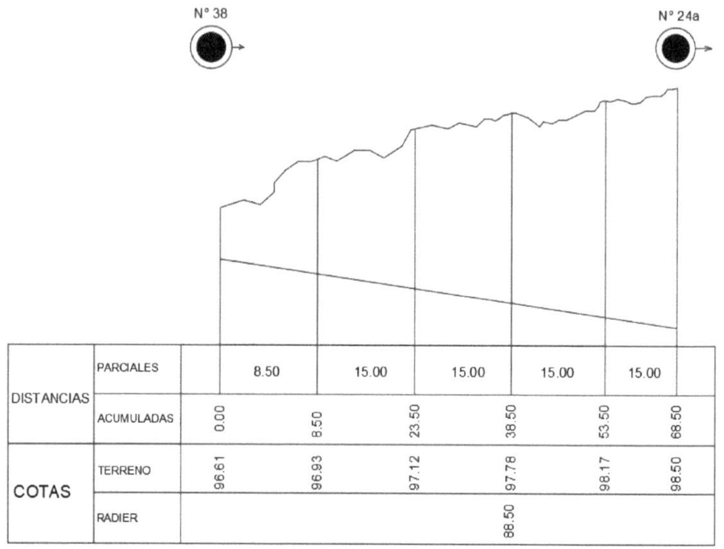

DISTANCIAS	PARCIALES		8.50	15.00	15.00	15.00	15.00	
	ACUMULADAS	0.00		8.50	23.50	38.50	53.50	68.50
COTAS	TERRENO	96.61		96.93	97.12	97.78	98.17	98.50
	RADIER					88.50		

Figura 3.3: Perfil longitudinal de excavación - Ejercicio 3

Fórmulas

- $Pendiente(\%) = \frac{\Delta h}{Distancia} \times 100$

- Área trapecio $= \frac{h_1 + h_2}{2} \times Distancia$

- Área círculo $= \pi r^2$

Solución

Se tiene que P $= 3\,\%$. Esta pendiente se empleará para calcular las cotas de radier faltantes en cada tramo.

Con las cotas de radier calculadas, se determinará el área de cada tramo mediante la fórmula del trapecio. Para ello, se restará la cota de terreno de la cota de radier para obtener las alturas. Con estas alturas y la distancia, se calculará el área de cada tramo. La suma de estas áreas se multiplicará por el ancho de la excavación para determinar el volumen total a excavar.

Es importante señalar que no se consideró el esponjamiento del terreno, ya que este tema excede el alcance topográfico.

Corte	Distancia parcial	Distancia acumulada	Cota terreno	Cota radier	Altura	Área
1	0.00	0.00	98.50	**89.660**	**8.845**	
2	8.50	8.50	98.17	**89.400**	**8.770**	**74.864**
3	15.00	23.50	97.78	**88.950**	**8.830**	**132.000**
4	15.00	38.50	97.12	88.500	**8.620**	**130.875**
5	15.00	53.50	96.93	**88.050**	**8.880**	**131.250**
6	15.00	68.50	96.61	**87.600**	**9.010**	**134.175**
					Total	**603.164**

Tabla 3.3: Resultados cubicación perfil longitudinal - Ejercicio 3

- El volumen total de la excavación es de 376.978 m^3, para efectos de transporte o utilización de maquinaria se suele considerar el valor aproximado ($\approx 377m^3$).

- Para calcular la cantidad de arena, considere el largo de la excavación, ancho y alto de la sección de arena. Multiplique estos valores y descuente volumen del cilindro de la tubería.

$$V_{\text{arena}} = [V_{\text{sección de arena}} - V_{\text{tubería}}] = [L \times A \times h_{\text{arena}} - \pi \times r^2 \times L]$$

Donde:

1. V: Volumen

2. L: Largo de la excavación

3. A: Ancho de la excavación

4. h_{arena}: Altura de la sección de arena

5. r: Radio de la tubería

- Finalmente el volumen de arena da como resultado $20.184\ m^3 \approx 20.2m^3$.

3.1.4. Cubicación perfil longitudinal - Ejercicio 4

La figura muestra un perfil longitudinal de la proyección de una tubería entre las cámaras de inspección existentes N38 y N 24a.

Calcule los metros cúbicos de terreno a excavar, considere las cotas de las cámaras a eje. El ancho de la excavación es de 51 cm, la cota de radier de 251.22 m y la pendiente de la tubería de 2.79 %.

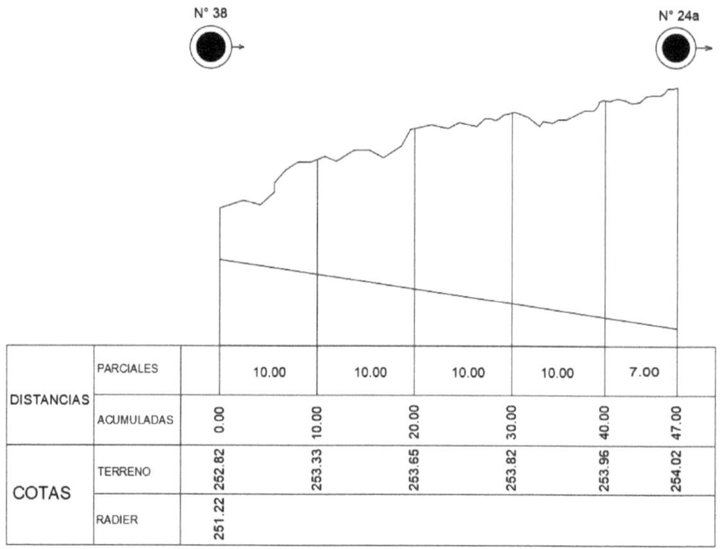

DISTANCIAS	PARCIALES		10.00	10.00	10.00	10.00	7.00	
	ACUMULADAS	0.00	10.00	20.00	30.00	40.00	47.00	
COTAS	TERRENO	252.82	253.33	253.65	253.82	253.96	254.02	
	RADIER	251.22						

Figura 3.4: Perfil longitudinal de excavación - Ejercicio 4

Fórmulas:

- $Pendiente(\%) = \frac{\Delta h}{Distancia} \times 100$
- Área trapecio $= \frac{h_1 + h_2}{2} \times Distancia$

Solución:

Se tiene que P = 2.79 %. Esta pendiente se empleará para calcular las cotas de radier faltantes en cada tramo.

Con las cotas de radier calculadas, se determinará el área de cada tramo mediante la fórmula del trapecio. Para ello, se restará la cota de terreno de la cota de radier para obtener las alturas. Con estas alturas y la distancia, se calculará el área de cada tramo. La suma de estas áreas se multiplicará por el ancho de la excavación para determinar el volumen total a excavar.

Es importante señalar que no se consideró el esponjamiento del terreno, ya que este tema excede el alcance topográfico.

Corte	Distancia parcial	Distancia acumulada	Cota terreno	Cota radier	Altura	Área
1	0.00	0.00	252.82	251.22	**1.600**	
2	10.00	10.00	253.33	**250.94**	**2.389**	**19.945**
3	10.00	20.00	253.65	**250.66**	**2.988**	**26.885**
4	10.00	30.00	253.82	**250.38**	**3.437**	**32.125**
5	10.00	40.00	253.96	**250.10**	**3.856**	**36.465**
6	7.00	47.00	254.02	**249.91**	**4.111**	**27.886**
					Total	**143.306**

Tabla 3.4: Resultados cubicación perfil longitudinal - Ejercicio 4

El volumen total de la excavación es de 73.086 m^3, para efectos de transporte o utilización de maquinaria se suele considerar el valor aproximado ($\approx 73 m^3$).

3.2. Cálculo de pendientes

3.2.1. Cálculo de pendientes - Ejercicio 1

Se requiere proyectar 3 cámaras de alcantarillado de acuerdo a las pendientes y distancias indicadas a continuación:

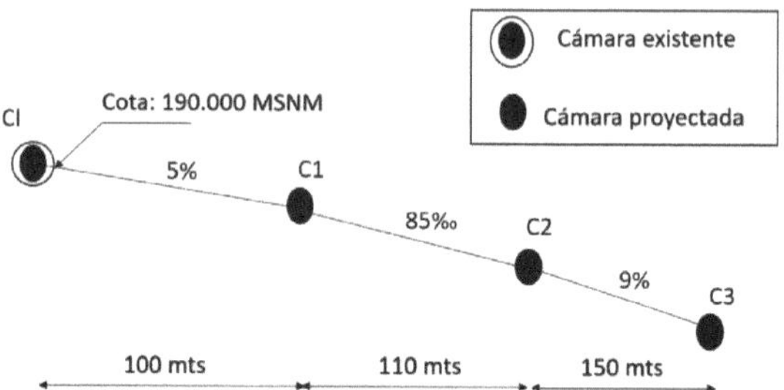

Figura 3.5: Esquema de alcantarillado - Ejercicio 1

Calcular la cota a la cual se proyectará cada cámara, considerando que la cota de la cámara existente es de 190.000 metros.

Fórmula

- $Pendiente(\%) = \frac{\Delta h}{Distancia} \times 100$
- Pendiente $(\text{‰}) = \frac{\Delta h}{Distancia} \times 1000$

Solución

En este ejercicio se conocen las distancias y las pendientes. Para determinar las cotas de las cámaras, reste Δh a la cota de la cámara anterior. Utilice la fórmula indicada en cada caso para calcular el valor de Δh. Cabe destacar que habrá tres valores diferentes de Δh, uno para cada tramo.

Cámara	Cota existente	C1	C2	C3
Cota	190.000 mts	**185.000 mts**	**175.650 mts**	**162.150 mts**

Tabla 3.5: Resultados cálculo de pendientes - Ejercicio 1

3.2.2. Cálculo de pendientes - Ejercicio 2

Se requiere efectuar la extensión de una red de alcantarillado, para ello, se debe conectar a una cámara existente de cota conocida con las pendientes y cotas indicadas a continuación:

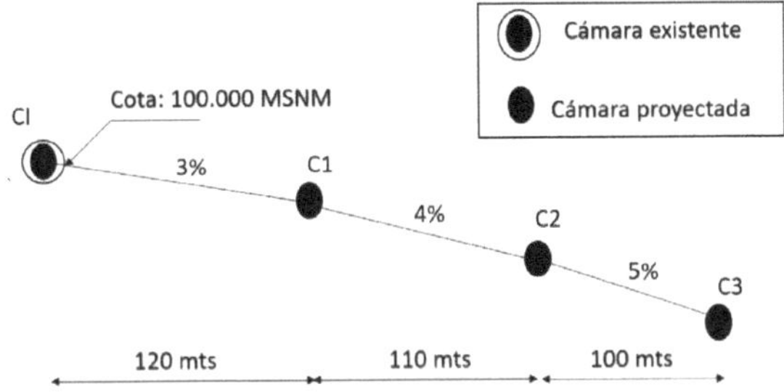

Figura 3.6: Esquema de alcantarillado - Ejercicio 2

Calcular las cotas del eje de las cámaras.

Fórmulas

- $Pendiente(\%) = \frac{\Delta h}{Distancia} \times 100$

Solución

En este ejercicio se conocen las distancias y las pendientes. Para determinar las cotas de las cámaras, reste Δh a la cota de la cámara anterior. Utilice la fórmula para calcular el valor de Δh. Cabe destacar que habrá tres valores diferentes de Δh, uno para cada tramo.

Cámara	Cota existente	C1	C2	C3
Cota	100.000 mts	**96.400 mts**	**92.000 mts**	**86.000 mts**

Tabla 3.6: Resultados cálculo de pendientes - Ejercicio 2

3.2.3. Cálculo de pendientes - Ejercicio 3

Se requiere efectuar la extensión de una red de alcantarillado, para ello, se debe conectar dos colectores existentes, en cámaras de cotas conocidas (CE_1 y CE_2), distantes a 120 mts. Se pide confeccionar dos cámaras de inspección (C_1 y C_2), de acuerdo a lo que muestra la figura.

El desnivel entre las cámaras existentes de cotas conocidas es de 3.6 mts y la cota mayor (CE_1) será 199.000. La diferencia de cota, entre la entrada y la salida de cada cámara es de 2 cms .

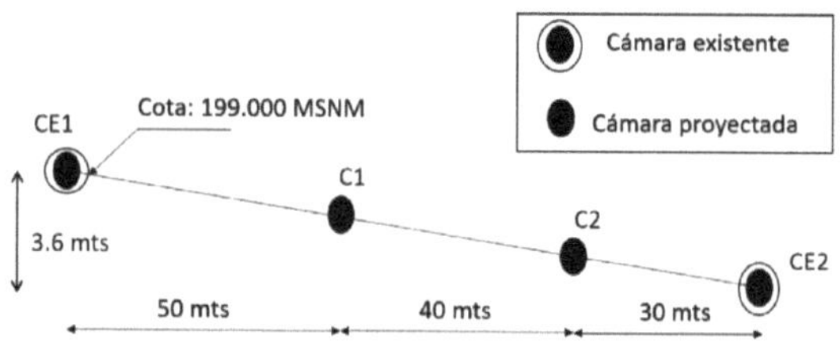

Figura 3.7: Esquema de alcantarillado - Ejercicio 3

Calcular las cotas del eje de las cámaras.

Fórmulas

- $Pendiente(\%) = \frac{\Delta h}{Distancia} \times 100$

Solución

En este ejercicio se conocen las distancias y la diferencia de altura entre la primera y última cámara. Dado que la pendiente es constante se puede calcular el resto de las cotas utilizando regla de tres simple. Otra forma de hacerlo, es calcular el valor de la pendiente y con ello determinar la diferencia de altura existente en cada uno de los tramos.

Cámara	CE1	C1	C2	CE2
Cota	199.000 mts	**197.500 mts**	**196.300 mts**	**195.400 mts**

Tabla 3.7: Resultados cálculo de pendientes - Ejercicio 3

Nota: El dato de los 2 cms es un distractor, dado que se pide calcular la cota del eje de la cámara.

Capítulo 4

Taquimetría

Este capítulo se centra en la técnica de taquimetría, una herramienta fundamental en la topografía moderna para la determinación precisa de coordenadas tridimensionales de puntos en el espacio. Se profundizará en los principios y métodos de la taquimetría, explorando su aplicación en diferentes contextos de ingeniería.

El capítulo se divide en tres secciones, cada una abordando una técnica específica de taquimetría:

1. **Levantamiento taquimétrico por radiación:** Se analizará la técnica de taquimetría por radiación, la cual permite determinar las coordenadas de puntos a partir de un punto conocido. Se estudiarán los procedimientos para realizar el levantamiento por radiación, incluyendo el cálculo de las coordenadas de los puntos radiados.

2. **Poligonal Cerrada:** Se profundizará en la técnica de taquimetría por poligonal cerrada, la cual permite determinar las coordenadas de puntos a partir de una serie de puntos conectados entre sí. Se analizarán los pasos para realizar el levantamiento por poligonal cerrada, incluyendo el cálculo de las coordenadas de los vértices de la poligonal y la verificación del cierre geométrico de la misma.

3. **Cálculo de altura por trigonometría:** Se explorarán las aplicaciones de la taquimetría en diferentes campos de la ingeniería, enfocándose en el cálculo de la altura de estructuras como turbinas eólicas. Se analizarán los procedimientos específicos para realizar el levantamiento de estructuras complejas.

A través de una serie de ejercicios prácticos, el estudiante podrá desarrollar las habilidades necesarias para aplicar la taquimetría en diferentes proyectos de ingeniería, comprendiendo los fundamentos teóricos y las técnicas de cálculo asociadas a esta técnica topográfica. Este capítulo sienta las bases para la comprensión de técnicas topográficas más avanzadas y su aplicación en proyectos de ingeniería y construcción.

4.1. Levantamiento taquimétrico por radiación

4.1.1. Taquimetría por radiación - Ejercicio 1

El siguiente registro corresponde a un levantamiento taquimétrico por radiación

Pto	$\measuredangle$ Hz	$\measuredangle$ Vert	HI	HM	HS	Gen	DH	DV	Este (x)	Norte (y)	Cota (z)
Estación A	0.0000										
hi= 1.650	0.0000								3000.000	1000.000	100.000
1	37.4334	99.923	1.000	1.090	1.180	18.028	18.028	0.582	3010.000	1015.000	100.582
2	20.4833	99.991	1.000	1.079	1.158	15.811	15.811	0.573	3005.000	1015.000	100.573
3	50.0000	100.096	1.000	1.035	1.071	7.071					
4	70.4833	100.203	1.000	1.056	1.112	11.180					
5	55.7716	100.379				23.431					
6	45.4604	99.960				19.849					
7	76.6250	100.215				13.298					
8	82.7510	100.333				18.682					
9	66.6871	100.282				30.017					
10	63.8333	100.268				27.879					
11	60.5137	100.452				25.807					
12	85.1194	100.413				21.587					
13	86.6539	100.333				24.026					
14	87.9050	100.096				26.476					

Tabla 4.1: Datos taquimetría por radiación - Ejercicio 1

Fórmulas

- $\Delta_{AB} = D \times \tan\alpha + h_i - HM$

- $\Delta_{AB} = D \times \cot\phi + h_i - HM$

- $\Delta_{AB} = \frac{P \times D}{100} + h_i - HM$

- $\text{Generador} = (HS - HI) \times 100$

- $\text{Distancia horizontal} = Distancia\ inclinada \times \sin^2(\measuredangle Vert)$

- $Distancia\ vertical = Distancia\ inclinada \times \sin(2 \times \measuredangle Vert)/2 + h_i - HM$

- $Seno\ \alpha = \frac{Cateto\ opuesto}{Hipotenusa}$

- $Coseno\ \alpha = \frac{Cateto\ adyacente}{Hipotenusa}$

Solución

En el ejercicio se lleva a cabo un levantamiento taquimétrico por radiación, empleando datos de campo como ángulos horizontales y verticales, así como distancias inclinadas para calcular las coordenadas de puntos en un terreno.

Dado que el ejercicio proporciona el generador, es posible calcular los hilos utilizando la fórmula correspondiente.

A continuación, se aplican las fórmulas de distancia vertical y horizontal, con los datos dados, para determinar la posición de cada punto observado en relación con un punto de referencia conocido.

Posteriormente, se obtienen las coordenadas en el sistema de referencia (Este, Norte) de cada punto a través de identidades trigonométricas, siendo recomendable utilizar las funciones seno y coseno.

Para la cota, simplemente se suma la distancia vertical a la cota inicial proporcionada al principio del ejercicio.

¡Te invitamos a graficar estas coordenadas y visualizar los resultados de tu levantamiento!

Pto	$\angle$ Hz	$\angle$ Vert	HI	HM	HS	Gen	DH	DV	Este (x)	Norte (y)	Cota (z)
Estación A	0.0000										
hi=1.650	0.0000								3000.000	1000.000	100.000
1	37.4334	99.923	1.000	1.090	1.180	18.028	18.028	0.582	3010.000	1015.000	100.582
2	20.4833	99.991	1.000	1.079	1.158	15.811	15.811	0.573	3005.000	1015.000	100.573
3	50.0000	100.096	1.000	1.035	1.071	7.071	**7.070**	**0.604**	**3005.000**	**1005.000**	**100.604**
4	70.4833	100.203	1.000	1.056	1.112	11.180	**11.180**	**0.558**	**3010.000**	**1005.000**	**100.558**
5	55.7716	100.379	**1.000**	**1.117**	**1.234**	23.431	**23.430**	**0.393**	**3018.000**	**1015.000**	**100.393**
6	45.4604	99.960	**1.000**	**1.099**	**1.198**	19.849	**19.848**	**0.563**	**3013.000**	**1015.000**	**100.563**
7	76.6250	100.215	**1.000**	**1.069**	**1.139**	13.298	**13.927**	**0.533**	**3013.000**	**1005.000**	**100.533**
8	82.7510	100.333	**1.000**	**1.093**	**1.186**	18.682	**18.681**	**0.459**	**3018.000**	**1005.000**	**100.459**
9	66.6871	100.282	**1.000**	**1.150**	**1.300**	30.017	**30.016**	**0.367**	**3026.000**	**1015.000**	**100.367**
10	63.8333	100.268	**1.000**	**1.139**	**1.278**	27.879	**27.878**	**0.393**	**3023.000**	**1015.000**	**100.393**
11	60.5137	100.452	**1.000**	**1.129**	**1.258**	25.807	**25.805**	**0.208**	**3021.000**	**1015.000**	**100.208**
12	85.1194	100.413	**1.000**	**1.107**	**1.215**	21.587	**21.586**	**0.402**	**3021.000**	**1005.000**	**100.402**
13	86.6539	100.333	**1.000**	**1.120**	**1.240**	24.026	**24.025**	**0.404**	**3023.500**	**1005.000**	**100.404**
14	87.9050	100.096	**1.000**	**1.132**	**1.264**	26.476	**26.475**	**0.478**	**3026.000**	**1005.000**	**100.478**

Tabla 4.2: Resultados taquimetría por radiación - Ejercicio 1

4.2.   Poligonal cerrada

4.2.1.   Cálculo poligonal cerrada - Ejercicio 1

La figura muestra un cambio de estación realizado con un taquímetro. Utilice como cota del punto A (100.000 MSNM) y complete la información de la siguiente tabla.

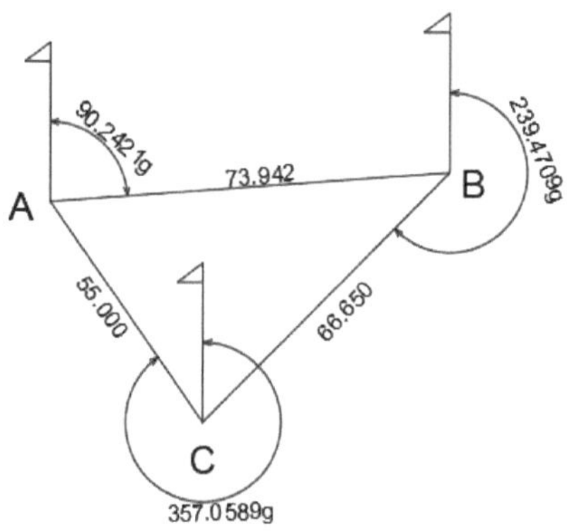

Figura 4.1: Esquema de poligonal cerrada - Ejercicio 1

Estación	Pto.	∡ Hz	∡ vert	HI	HS	HM	Generador	D_{Hz}	D_{Vert}	Cota (z)
A										100.000
hi 1.524	NM	0.0000								
	B(D)									
	B(T)		297.6388							
B										
hi 1.602	A(D)									
	A(T)									
	C(D)		102.5472							
	C(T)									
C										
hi 1.568	B(D)									
	B(T)									
	A(D)		93.7019							
	A(T)									

Tabla 4.3: Poligonal cerrada - Ejercicio 1

Fórmulas

- *Distancia horizontal = Distancia inclinada* $\times seno(\measuredangle_{Vert})^2$

- *Distancia vertical = Distancia inclinada* $\times seno(2 \times \measuredangle_{Vert})/2$

- Generador $= (HS - HI) \times 100$

Solución

Para realizar este ejercicio, es importante tener en cuenta las siguientes consideraciones:

- Ángulos Horizontales: Deben presentar una diferencia de $200{,}0000^g$ en comparación con la lectura en directo y en tránsito.

- Ángulos Verticales: Deben sumar $400{,}0000^g$ en relación con la lectura en directo y en tránsito.

- Cambios de Posición: Las lecturas hacia el mismo punto deben tener una diferencia de $200{,}0000^g$.

Con estas pautas establecidas, podemos proceder a rellenar las primeras dos columnas, tomando en cuenta las consideraciones mencionadas y la información de la figura correspondiente.

Después de esto, se procederá a calcular los hilos. Para ello utilice la fórmula del generador. De la misma forma las distancias horizontal y vertical.

Cálculo de la Cota: El cálculo de la cota requiere la referencia del ángulo vertical.

Es importante considerar lo siguiente:

- Si el ángulo vertical es menor a 100^g, esto indica que estamos mirando hacia arriba, lo que significa que la cota (z) está por encima de la cota del taquímetro.

- Si el ángulo vertical es mayor a 100^g, se está mirando hacia abajo en relación a la posición del taquímetro.

A partir de este análisis, se determinará si se debe sumar o restar la distancia vertical:

- Sumar: Si el ángulo vertical es menor a 100^g.

- Restar: Si el ángulo vertical es mayor a 100^g.

Estación	Pto.	∡ Hz	∡ vert	HI	HS	HM	Generador	D_{Hz}	D $_{Vert}$	Cota (z)
A										100.000
hi 1.524	NM	0.0000								
	B(D)	90.2421	102.3612	1.154	1.894	1.524	73.942	73.840	-2.740	102.742
	B(T)	290.2421	297.6388	1.154	1.894	1.524	73.942	73.840	2.740	102.742
B										
hi 1.602	A(D)	290.2421	97.6388	1.232	1.972	1.602	73.942	73.840	2.740	100.000
	A(T)	90.2421	302.3612	1.232	1.972	1.602	73.942	73.840	-2.740	100.000
	C(D)	239.4709	102.5472	1.269	1.935	1.602	66.650	66.543	-2.664	105.408
	C(T)	39.4709	297.4528	1.269	1.935	1.602	66.650	66.543	2.664	105.408
C										
hi 1.568	B(D)	39.4709	97.4528	1.235	1.901	1.568	66.650	66.543	2.664	102.742
	B(T)	239.4709	302.5472	1.235	1.901	1.568	66.650	66.543	-2.664	102.742
	A(D)	357.0589	93.7019	1.293	1.843	1.568	55.000	54.463	5.406	100.002
	A(T)	157.0589	306.2981	1.293	1.843	1.568	55.000	54.463	-5.406	100.002

Tabla 4.4: Resultados poligonal cerrada - Ejercicio 1

4.2.2. Cálculo poligonal cerrada - Ejercicio 2

La figura muestra un cambio de estación realizado con un taquímetro. Utilice como cota del punto A (100.000 MSNM) y complete la información de la siguiente tabla.

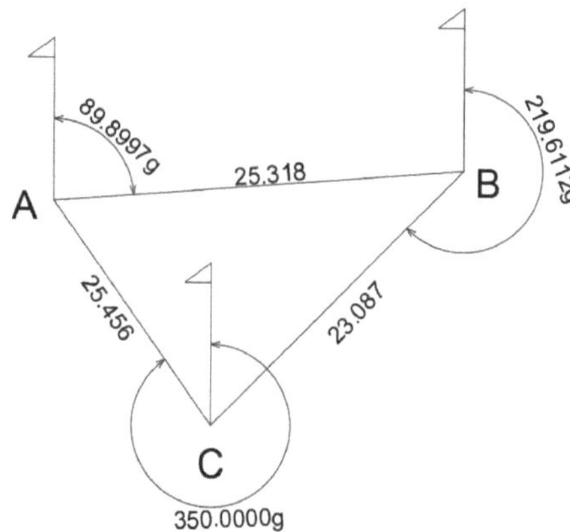

Figura 4.2: Esquema de poligonal cerrada - Ejercicio 2

Est.	Pto.	$\measuredangle$ Hz	$\measuredangle$ vert	HI	HM	HS	Gen	D_{Hz}	D_{Vert}	Este	Norte
A										5550.000	1110.000
hi 1.524	NM	0.0000									
	B(D)										
	B(T)		299.4528								
B											
hi 1.602	A(D)										
	A(T)										
	C(D)		99.0989								
	C(T)										
C											
hi 1.568	B(D)										
	B(T)										
	A(D)		99.7271								
	A(T)										

Tabla 4.5: Poligonal cerrada - Ejercicio 2

Fórmulas

- *Distancia horizontal = Distancia inclinada $\times$ seno$(\measuredangle_{Vert})^2$*

- *Distancia vertical = Distancia inclinada $\times$ seno$(2 \times \measuredangle_{Vert})/2$*

- *Seno $\alpha = \frac{Cateto\ opuesto}{Hipotenusa}$*

- *Coseno $\alpha = \frac{Cateto\ adyacente}{Hipotenusa}$*

Solución

Para realizar este ejercicio, es importante tener en cuenta las siguientes consideraciones:

- Ángulos Horizontales: Deben presentar una diferencia de $200{,}0000^g$ en comparación con la lectura en directo y en tránsito.

- Ángulos Verticales: Deben sumar $400{,}0000^g$ en relación con la lectura en directo y en tránsito.

- Cambios de Posición: Las lecturas hacia el mismo punto deben tener una diferencia de $200{,}0000^g$.

Con estas pautas establecidas, podemos proceder a rellenar las primeras dos columnas, tomando en cuenta las consideraciones mencionadas y la información de la figura correspondiente.

Después de esto, se procederá a calcular los hilos. Para ello utilice la fórmula del generador. De la misma forma las distancias horizontal y vertical.

Cálculo de la Cota: El cálculo de la cota requiere la referencia del ángulo vertical.

Es importante considerar lo siguiente:

- Si el ángulo vertical es menor a 100^g, esto indica que estamos mirando hacia arriba, lo que significa que la cota (z) está por encima de la cota del taquímetro.

- Si el ángulo vertical es mayor a 100^g, se está mirando hacia abajo en relación a la posición del taquímetro.

A partir de este análisis, se determinará si se debe sumar o restar la distancia vertical:

- Sumar: Si el ángulo vertical es menor a 100^g.

- Restar: Si el ángulo vertical es mayor a 100^g.

Est.	Pto.	$\angle$ Hz	$\angle$ vert	HI	HM	HS	Gen	D_{Hz}	D $_{Vert}$	Este	Norte
A										5550.000	1110.000
hi 1.524	NM	0.0000									
	B(D)	89.8997	100.5472	1.397	1.524	1.651	25.318	25.316	-0.218	5525.002	1106.000
	B(T)	289.8997	299.4528	1.397	1.524	1.651	25.318	25.316	0.218	–	–
B											
hi 1.602	A(D)	289.8997	99.4528	1.475	1.602	1.729	25.318	25.316	0.218	–	–
	A(T)	89.8997	99.4528	1.475	1.602	1.729	25.318	25.316	-0.218	–	–
	C(D)	219.6112	99.0989	1.487	1.602	1.717	23.087	23.082	0.327	5532.000	1127.996
	C(T)	19.6112	300.9011	1.487	1.602	1.717	23.087	23.082	-0.327	–	–
C											
hi 1.568	B(D)	19.6112	100.9011	1.453	1.568	1.683	23.087	23.082	-0.327	–	–
	B(T)	219.6112	299.0989	1.453	1.568	1.683	23.087	23.082	0.327	–	–
	A(D)	350.0000	99.7271	1.441	1.568	1.695	25.456	25.456	0.111	5550.000	1109.996
	A(T)	150.0000	300.2729	1.441	1.568	1.695	25.456	25.456	-0.111	–	–

Tabla 4.6: Resultados poligonal cerrada - Ejercicio 2

4.3. Cálculo de altura por trigonometría

Los ejercicios presentados en esta sección corresponden a ejemplos clásicos de topografía, ampliamente reconocidos por su valor pedagógico y práctico en el ámbito profesional. No obstante, los casos incluidos han sido adaptados y contextualizados [Kavanagh and Slattery, 2010, Nathanson et al., 2011] para ajustarse a las necesidades específicas de aprendizaje, incorporando detalles actualizados y situaciones que reflejan los desafíos comunes en el campo topográfico moderno.

4.3.1. Cálculo de altura por trigonometría - Ejercicio 1

Se requiere determinar la altura de una turbina eólica, para ello se ubica un taquímetro en dos posiciones diferentes, P y Q. Las mediciones se realizan distanciadas entre si en 63.411 mts. y se realiza las mediciones desde un PR cuya cota es 184.202 MSNM. Calcular la cota T de la torre.

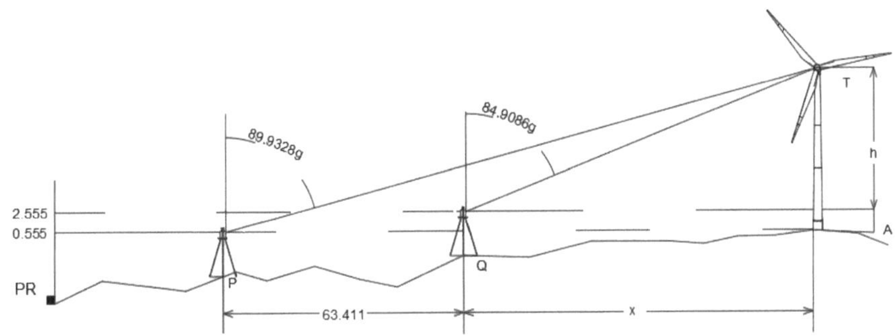

Figura 4.3: Esquema cálculo de altura turbina eólica - Ejercicio 1

Fórmulas:

- $Tan\ \alpha = \dfrac{Cateto\ opuesto}{Cateto\ adyacente}$

Solución:

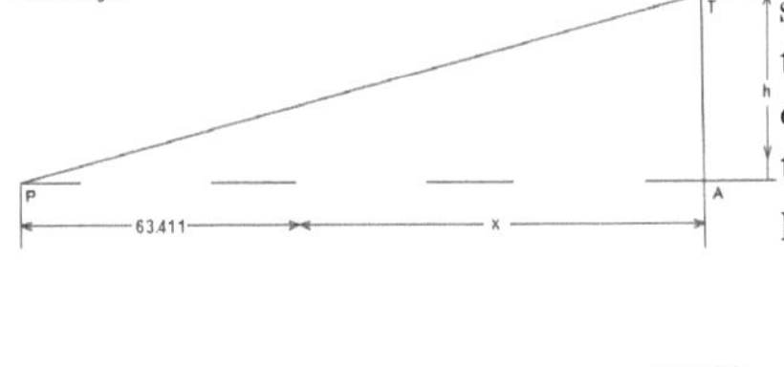

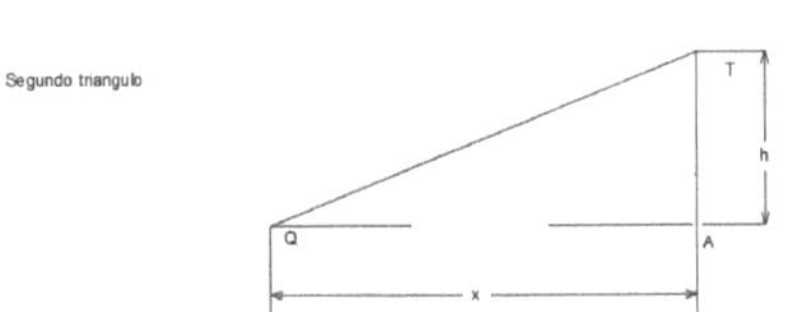

Figura 4.4: Detalles triángulos.

Este ejercicio puede solucionarse planteando un sistema de ecuaciones lineales. Para ello utilizar triángulos semejantes y plantear solución involucrando la altura h de la torre y la diferencia existente entre las dos alturas de los taquímetros. El primer triángulo estaría compuesto por:

1. Primer triángulo

   - Vertical: h + 2
   - Horizontal: 63.411 + x
   - Ángulo interior: 100 - 89.9328 = 10.0672

2. Segundo triángulo

   - Vertical: h

   - Horizontal: x

   - Ángulo interior: 100 - 84.9086 = 15.0914

Utilizando la identidad trigonométrica *tan* conseguimos el siguiente sistema de ecuaciones:

$$\frac{h+2}{63{,}411+x} = tan(10{,}0672) \tag{4.1}$$

$$\frac{h}{x} = tan(15{,}0914) \tag{4.2}$$

De la ecuación (4.2), se despeja x y se reemplaza en la ecuación (4.1)

$$x = \frac{h}{tan(15{,}0914)} \tag{4.3}$$

$$\frac{h+2}{63{,}411 + \left(\frac{h}{tan(15{,}0914)}\right)} = tan(10{,}0672) \tag{4.4}$$

Despejando la incógnita h de la ecuación (4,4), se obtiene el resultado de 23.862. A este resultado, se le suma la diferencia de altura entre P y Q y la cota del PR, obteniendo la cota $T = 210.619$ MSNM

4.3.2. Cálculo de altura por trigonometría - Ejercicio 2

Se requiere determinar la altura de una turbina eólica, para ello se ubica un taquímetro en dos posiciones diferentes, P y Q. Las mediciones se realizan distanciadas entre si en 58.564 mts. y se realiza las mediciones desde un PR cuya cota es 182.253 MSNM. Calcular la cota T de la torre

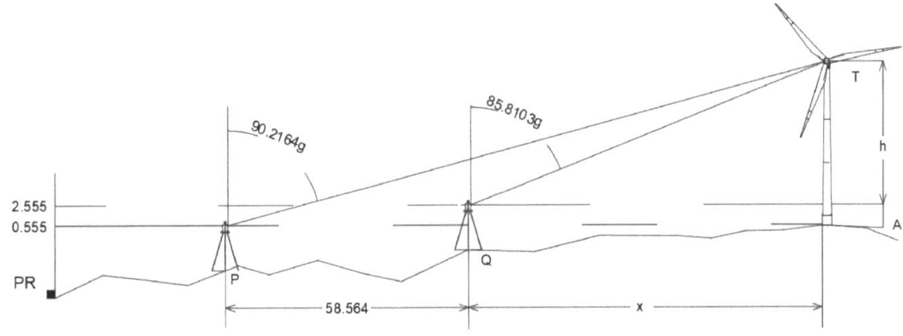

Figura 4.5: Esquema cálculo de altura turbina eólica - Ejercicio 2

Fórmulas:

- $Tan\ \alpha = \dfrac{Cateto\ opuesto}{Cateto\ adyacente}$

Solución:

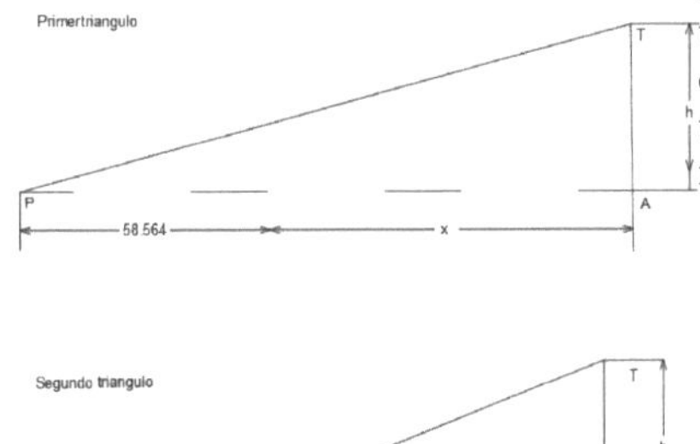

Figura 4.6: Detalles triángulos.

Este ejercicio puede solucionarse planteando un sistema de ecuaciones lineales. Para ello utilizar triángulos semejantes y plantear solución involucrando la altura h de la torre y la diferencia existente entre las dos alturas del taquímetro. El primer triángulo estaría compuesto por:

1. Primer triángulo

   - Vertical: h + 2
   - Horizontal: 58.564 + x
   - Ángulo interior: 100 - 90.2164 = 9.7836

2. Segundo triángulo

   - Vertical: h
   - Horizontal: x
   - Ángulo interior: 100 - 85.8130 = 14.1870

Utilizando la identidad trigonométrica *tan* conseguimos el siguiente sistema de ecuaciones:

$$\frac{h+2}{58{,}564+x} = tan(9{,}7836) \quad (4.5)$$
$$\frac{h}{x} = tan(14{,}1870) \quad (4.6)$$

De la ecuación (4.6), se despeja x y se reemplaza en la ecuación (4.5)

$$x = \frac{h}{tan(14{,}1870)} \quad (4.7)$$
$$\frac{h+2}{58{,}564+(\frac{h}{tan(14{,}1870)})} = tan(9{,}7836) \quad (4.8)$$

Despejando la incógnita h de la ecuación (4.8), se obtiene el resultado de 22.347. AA este resultado, se le suma la diferencia de altura entre P y Q y la cota del PR, obteniendo la cota T = 207.155 MSNM

4.3.3. Cálculo de altura por trigonometría - Ejercicio 3

Se requiere determinar la altura de una turbina eólica, para ello se ubica un taquímetro en dos posiciones diferentes, P y Q. Las mediciones se realizan distanciadas entre si en 61.110 mts. y se realiza las mediciones desde un PR cuya cota es 203.508 MSNM. Calcular la cota T de la torre

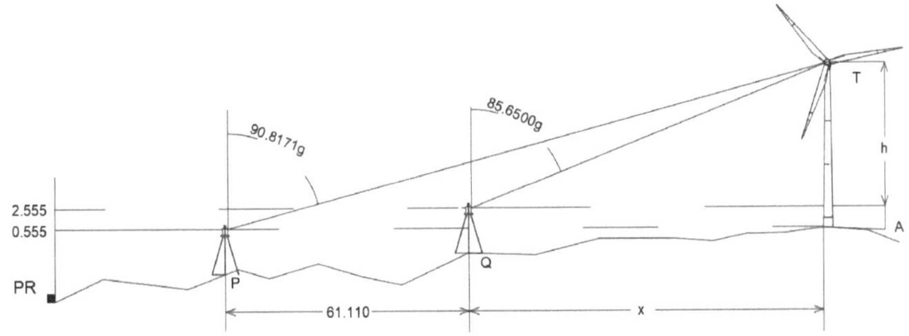

Figura 4.7: Esquema cálculo de altura turbina eólica - Ejercicio 3

Fórmulas:

- $Tan\ \alpha = \frac{Cateto\ opuesto}{Cateto\ adyacente}$

Solución:

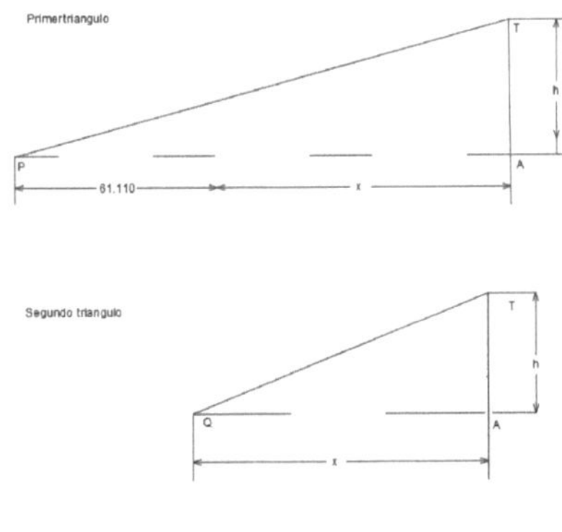

Figura 4.8: Detalles triángulos.

Este ejercicio puede solucionarse planteando un sistema de ecuaciones lineales. Para ello utilizar triángulos semejantes y plantear solución involucrando la altura h de la torre y la diferencia existente entre las dos alturas del taquímetro. El primer triángulo estaría compuesto por:

1. Primer triángulo

   - Vertical: h + 2
   - Horizontal: 61.110 + x
   - Ángulo interior: 100 - 90.8171 = 9.1829

2. Segundo triángulo

   - Vertical: h
   - Horizontal: x
   - Ángulo interior: 100 - 85.6500 = 14.3500

Utilizando la identidad trigonométrica tan conseguimos el siguiente sistema de ecuaciones:

$$\frac{h+2}{61{,}110+x} = tan(9{,}1829) \tag{4.9}$$

$$\frac{h}{x} = tan(14{,}3500) \tag{4.10}$$

De la ecuación (4.10), se despeja x y se reemplaza en la ecuación (4.9)

$$x = \frac{h}{tan(14{,}3500)} \tag{4.11}$$

$$\frac{h+2}{61{,}110 + \left(\frac{h}{tan(14{,}3500)}\right)} = tan(9{,}1829) \tag{4.12}$$

Despejando la incógnita h de la ecuación (4.12), se obtiene el resultado de 18.760. A este resultado, se le suma la diferencia de altura entre P y Q y la cota del PR, obteniendo la cota $T = 224.823$ MSNM.

4.3.4. Cálculo de altura por trigonometría - Ejercicio 4

Se requiere determinar la altura de una turbina eólica, para ello se ubica un taquímetro en dos posiciones diferentes, P y Q. Las mediciones se realizan distanciadas entre si en 63.248 mts. y se realiza las mediciones desde un PR cuya cota es 192.555 MSNM. Calcular la cota T de la torre.

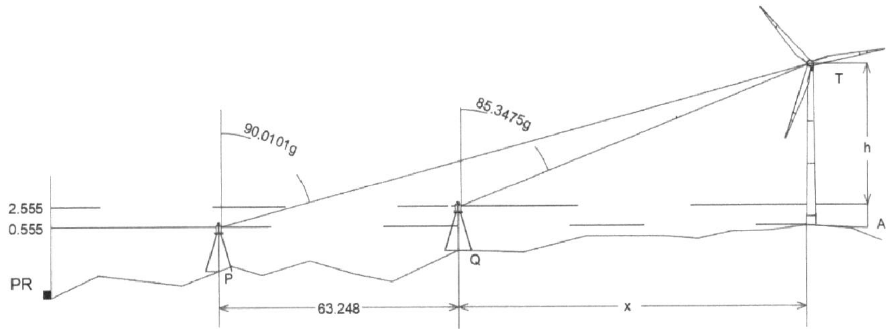

Figura 4.9: Esquema cálculo de altura turbina eólica - Ejercicio 4

Fórmulas:

- $Tan\ \alpha = \frac{Cateto\ opuesto}{Cateto\ adyacente}$

Solución:

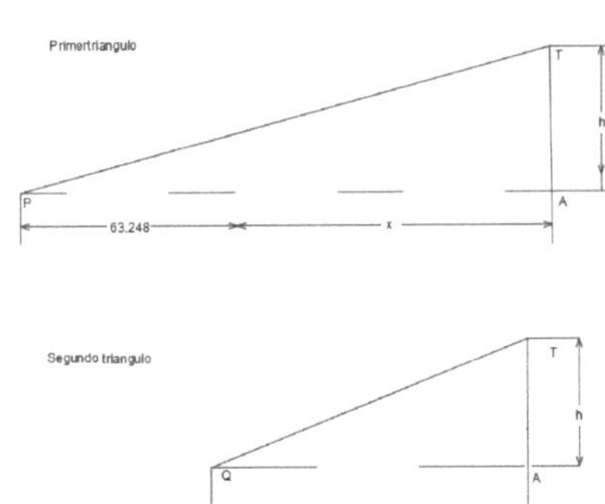

Figura 4.10: Detalles triángulos.

Este ejercicio puede solucionarse planteando un sistema de ecuaciones lineales. Para ello utilizar triángulos semejantes y plantear solución involucrando la altura h de la torre y la diferencia existente entre las dos alturas del taquímetro. El primer triángulo estaría compuesto por:

1. Primer triángulo

   - Vertical: h + 2
   - Horizontal: 63.248 + x
   - Ángulo interior: 100 - 90.0101 = 9.9899

2. Segundo triángulo

   - Vertical: h
   - Horizontal: x
   - Ángulo interior: 100 - 85.3475 = 14.6525

Utilizando la identidad trigonométrica tan conseguimos el siguiente sistema de ecuaciones:

$$\frac{h+2}{63{,}248+x} = tan(9{,}9899) \tag{4.13}$$

$$\frac{h}{x} = tan(14{,}6525) \tag{4.14}$$

De la ecuación (4.14), se despeja x y se reemplaza en la ecuación (4.13)

$$x = \frac{h}{tan(14{,}6525)} \tag{4.15}$$

$$\frac{h+2}{63{,}248+\left(\frac{h}{tan(14{,}6525)}\right)} = tan(9{,}9899) \tag{4.16}$$

Despejando la incógnita h de la ecuación (4.16), se obtiene el resultado de 24.657. A este resultado, se le suma la diferencia de altura entre P y Q y la cota del PR, obteniendo la cota $T = 219.767$ MSNM.

4.3.5. Cálculo de altura por trigonometría - Ejercicio 5

Se requiere determinar la altura de una turbina eólica, para ello se ubica un taquímetro en dos posiciones diferentes, P y Q. Las mediciones se realizan distanciadas entre si en 62.490 mts. y se realiza las mediciones desde un PR cuya cota es 196.961 MSNM. Calcular la cota T de la torre.

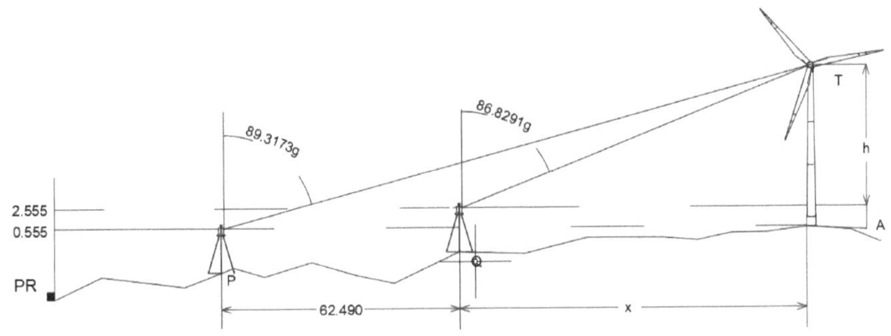

Figura 4.11: Esquema cálculo de altura turbina eólica - Ejercicio 5

Fórmulas:

- $Tan\ \alpha = \frac{Cateto\ opuesto}{Cateto\ adyacente}$

Solución:

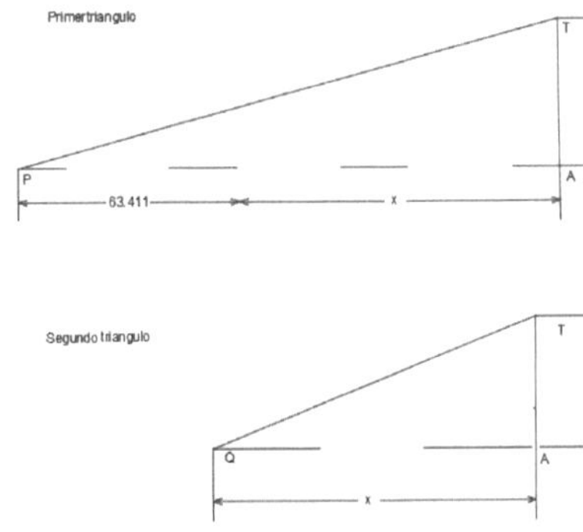

Figura 4.12: Detalles triángulos.

Este ejercicio puede solucionarse planteando un sistema de ecuaciones lineales. Para ello utilizar triángulos semejantes y plantear solución involucrando la altura h de la torre y la diferencia existente entre las dos alturas del Taquímetro. El primer triángulo estaría compuesto por:

1. Primer triángulo

   - Vertical: h + 2

   - Horizontal: 62.490 + x

   - Ángulo interior: 100 - 89.3173 = 10.6827

2. Segundo triángulo

   - Vertical: h

   - Horizontal: x

   - Ángulo interior: 100 - 86.8291 = 13.1709

Utilizando la identidad trigonométrica *tan* conseguimos el siguiente sistema de ecuaciones:

$$\frac{h+2}{62{,}490+x} = tan(10{,}6827) \tag{4.17}$$

$$\frac{h}{x} = tan(13{,}1709) \tag{4.18}$$

De la ecuación (4.18), se despeja x y se reemplaza en la ecuación (4.17)

$$x = \frac{h}{tan(13{,}1709)} \tag{4.19}$$

$$\frac{h+2}{62{,}490+\left(\frac{h}{tan(13{,}1709)}\right)} = tan(10{,}6827) \tag{4.20}$$

Despejando la incógnita h de la ecuación (4.20), se obtiene el resultado de 44.500. A este resultado, se le suma la diferencia de altura entre P y Q y la cota del PR, obteniendo la cota $T = 244.016$ MSNM

Capítulo 5

Cálculo de coordenadas para utilizar con Estación total

Este capítulo se adentra en el estudio de las estaciones totales, instrumentos de medición electrónica que han revolucionado la práctica del levantamiento topográfico en la actualidad. Su capacidad de combinar la precisión angular de los teodolitos con la medición electrónica de distancias ha transformado la obtención de datos topográficos, permitiendo la realización de trabajos con una exactitud y eficiencia sin precedentes.

A través de una serie de ejercicios prácticos, este capítulo permitirá al estudiante calcular las coordenadas de puntos en el terreno utilizando la estación total, brindando las herramientas y conocimientos necesarios para comprender el funcionamiento de las estaciones totales y aplicarlas en la resolución de problemas prácticos de topografía.

Dominar la utilización de este instrumento permitirá realizar mediciones precisas, obtener datos confiables y optimizar el proceso de levantamiento topográfico, facilitando el desarrollo de proyectos de ingeniería con mayor eficiencia y exactitud.

5.1. Cálculo de coordenadas - Ejercicio 1

Se requiere instalar 4 estacas: A, B, C y D en terreno, tal como se muestra en la figura. . El trabajo será realizado con una *estación total*, por lo que se requiere ingresar las coordenadas de dichos puntos al equipo y proceder con el replanteo de los puntos.

La *estación* estará ubicada en el PR, que tiene coordenadas (N 2997.871, E 1001.773). La altura no se ingresará al equipo, puesto que no es requerido para el trabajo.

Se pide calcular las coordenadas de los puntos ABCD.

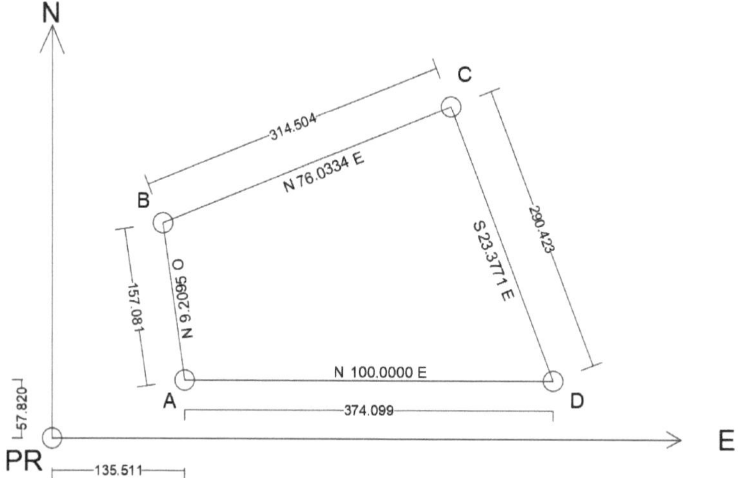

Figura 5.1: Representación cálculo de coordenadas - Ejercicio 1

Punto	Ángulo	Distancia	Coordenada N	Coordenada E
PR				
A				
B				
C				
D				

Tabla 5.1: Cálculo de coordenadas - Ejercicio 1

Fórmulas

- $Seno\ \alpha = \frac{Cateto\ opuesto}{Hipotenusa}$

- $Coseno\ \alpha = \frac{Cateto\ adyacente}{Hipotenusa}$

Solución:

Para calcular las coordenadas del punto A, se suman las medidas desde el punto de referencia: 135.511 en el Este y 57.820 en el Norte.

Para los puntos siguientes, se usan las identidades trigonométricas:

- Seno: para la coordenada Este.

- Coseno: para la coordenada Norte.

Forme un triángulo con cada lado del polígono, tomando dicho lado como hipotenusa y trazando catetos paralelos a los ejes Este y Norte. Use las distancias y ángulos para calcular las longitudes de los catetos y, con ello, determinar las coordenadas de los puntos siguientes.

Es fundamental recordar:

- Coordenadas hacia el Norte y Este son positivas, por ende se suma a la coordenada anterior.

- Coordenadas hacia el Sur y Oeste son negativas, por lo que se resta a la coordenada anterior.

Punto	Ángulo	Distancia	Coordenada E	Coordenada N
PR			2997.871	1001.773
A	-	-	**3133.382**	**1059.593**
B	9.2095	157.081	**3110.737**	**1215.033**
C	76.0334	314.503	**3403.216**	**1330.656**
D	23.3771	290.424	**3507.481**	**1059.593**
A	100.0000	374.099	**3133.382**	**1059.593**

Tabla 5.2: Resultados cálculo de coordenadas - Ejercicio 1

En la última fila de la tabla se agregó nuevamente el punto A para realizar la comprobación y verificar que llegamos al punto de partida sin error.-

5.2. Cálculo de coordenadas - Ejercicio 2

Se requiere instalar 4 estacas: A, B, C y D en terreno, tal como se muestra en la figura. . El trabajo será realizado con una *estación total*, por lo que se requiere ingresar las coordenadas de dichos puntos al equipo y proceder con el replanteo de los puntos.

La *estación* estará ubicada en el PR, que tiene coordenadas (E 2997.863, N 1001.774). La altura no se ingresará al equipo, puesto que no es requerido para el trabajo.

Se pide calcular las coordenadas de los puntos ABCD.

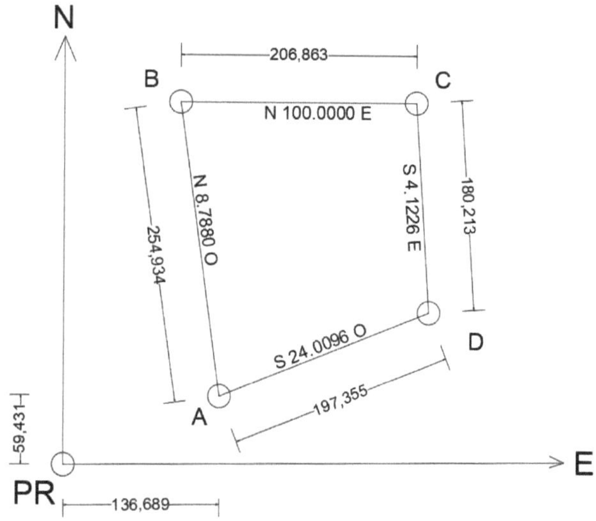

Figura 5.2: Representación cálculo de coordenadas - Ejercicio 2

Punto	Ángulo	Distancia	Coordenada E	Coordenada N
PR				
A				
B				
C				
D				

Tabla 5.3: Cálculo de coordenadas - Ejercicio 2

Fórmulas

- *Seno* $\alpha = \frac{Cateto\ opuesto}{Hipotenusa}$

- *Coseno* $\alpha = \frac{Cateto\ adyacente}{Hipotenusa}$

Solución:

Para calcular las coordenadas del punto A, se suman las medidas desde el punto de referencia: 136.690 en el Este y 59.430 en el Norte.

Para los puntos siguientes, se usan las identidades trigonométricas:

- Seno: para la coordenada Este.

- Coseno: para la coordenada Norte.

Forme un triángulo con cada lado del polígono, tomando dicho lado como hipotenusa y trazando catetos paralelos a los ejes Este y Norte. Use las distancias y ángulos para calcular las longitudes de los catetos y, con ello, determinar las coordenadas de los puntos siguientes.

Es fundamental recordar:

- Coordenadas hacia el Norte y Este son positivas, por ende se suma a la coordenada anterior.

- Coordenadas hacia el Sur y Oeste son negativas, por lo que se resta a la coordenada anterior.

Punto	Ángulo	Distancia	Coordenada E	Coordenada N
PR			2997.863	1001.774
A	-	-	**3134.552**	**1061.205**
B	8.7780	254.930	**3099.513**	**1313.714**
C	100.0000	206.860	**3306.373**	**1313.714**
D	4.1226	180.210	**3318.035**	**1133.882**
A	24.0096	194.35	**3134.552**	**1061.205**

Tabla 5.4: Resultados cálculo de coordenadas - Ejercicio 2

En la última fila de la tabla se agregó nuevamente el punto A para realizar la comprobación y verificar que llegamos al punto de partida sin error.-

5.3. Cálculo de coordenadas - Ejercicio 3

Se requiere instalar 4 estacas: A, B, C y D en terreno, tal como se muestra en la figura. . El trabajo será realizado con una *estación total*, por lo que se requiere ingresar las coordenadas de dichos puntos al equipo y proceder con el replanteo de los puntos.

La *estación* estará ubicada en el PR, que tiene coordenadas (E 2997.463, N 999.887). La altura no se ingresará al equipo, puesto que no es requerido para el trabajo.

Se pide calcular las coordenadas de los puntos ABCD.

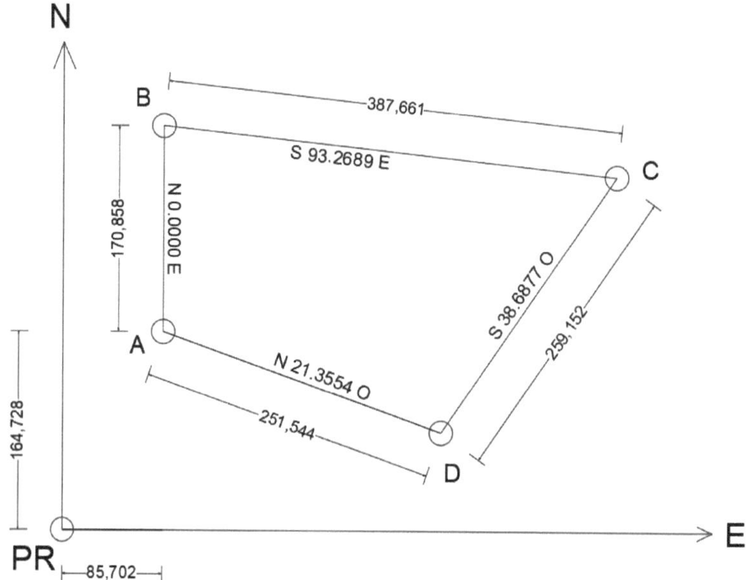

Figura 5.3: Representación cálculo de coordenadas - Ejercicio 3

Punto	Ángulo	Distancia	Coordenada E	Coordenada N
PR				
A				
B				
C				
D				

Tabla 5.5: Cálculo de coordenadas - Ejercicio 3

Fórmulas

- $Seno\ \alpha = \frac{Cateto\ opuesto}{Hipotenusa}$
- $Coseno\ \alpha = \frac{Cateto\ adyacente}{Hipotenusa}$

Solución:

Para calcular las coordenadas del punto A, se suman las medidas desde el punto de referencia: 85.700 en el Este y 164.730 en el Norte.

Para los puntos siguientes, se usan las identidades trigonométricas:

- Seno: para la coordenada Este.

- Coseno: para la coordenada Norte.

Forme un triángulo con cada lado del polígono, tomando dicho lado como hipotenusa y trazando catetos paralelos a los ejes Este y Norte. Use las distancias y ángulos para calcular las longitudes de los catetos y, con ello, determinar las coordenadas de los puntos siguientes.

Es fundamental recordar:

- Coordenadas hacia el Norte y Este son positivas, por ende se suma a la coordenada anterior.

- Coordenadas hacia el Sur y Oeste son negativas, por lo que se resta a la coordenada anterior.

Punto	Ángulo	Distancia	Coordenada E	Coordenada N
PR			2997.463	999.887
A	-	-	**3083.163**	**1164.617**
B	0.0000	170.860	**3083.163**	**1335.477**
C	93.2689	387.660	**3468.658**	**1294.565**
D	38.6877	259.150	**3320.687**	**1081.813**
A	21.3554	251.540	**3083.163**	**1164.617**

Tabla 5.6: Resultados cálculo de coordenadas - Ejercicio 3

En la última fila de la tabla se agregó nuevamente el punto A para realizar la comprobación y verificar que llegamos al punto de partida sin error.-

5.4. Cálculo de coordenadas - Ejercicio 4

Se requiere instalar 4 estacas: A, B, C y D en terreno, tal como se muestra en la figura. El trabajo será realizado con una *estación total*, por lo que se requiere ingresar las coordenadas de dichos puntos al equipo y proceder con el replanteo de los puntos.

La *estación* estará ubicada en el PR, que tiene coordenadas (E 3000.494, N 1002.425). La altura no se ingresará al equipo, puesto que no es requerido para el trabajo.

Se pide calcular las coordenadas de los puntos ABCD.

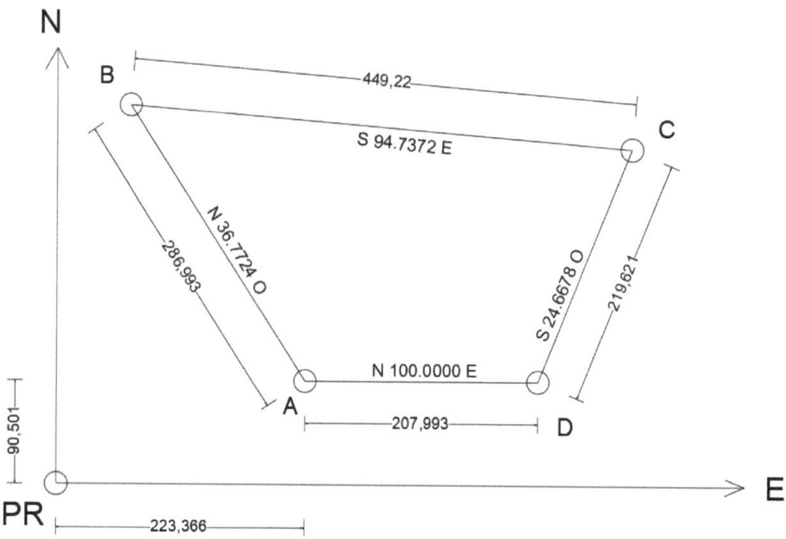

Figura 5.4: Representación cálculo de coordenadas - Ejercicio 4

Punto	Ángulo	Distancia	Coordenada E	Coordenanda N
PR				
A				
B				
C				
D				

Tabla 5.7: Cálculo de coordenadas - Ejercicio 4

Fórmulas

- $Seno\ \alpha = \frac{Cateto\ opuesto}{Hipotenusa}$
- $Coseno\ \alpha = \frac{Cateto\ adyacente}{Hipotenusa}$

Solución:

Para calcular las coordenadas del punto A, se suman las medidas desde el punto de referencia: 223.335 en el Este y 90.501 en el Norte.

Para los puntos siguientes, se usan las identidades trigonométricas:

- Seno: para la coordenada Este.

- Coseno: para la coordenada Norte.

Forme un triángulo con cada lado del polígono, tomando dicho lado como hipotenusa y trazando catetos paralelos a los ejes Este y Norte. Use las distancias y ángulos para calcular las longitudes de los catetos y, con ello, determinar las coordenadas de los puntos siguientes.

Es fundamental recordar:

- Coordenadas hacia el Norte y Este son positivas, por ende se suma a la coordenada anterior.

- Coordenadas hacia el Sur y Oeste son negativas, por lo que se resta a la coordenada anterior.

Punto	Ángulo	Distancia	Coordenada E	Coordenada N
PR			3000.494	1002.425
A	-	-	**3223.828**	**1092.926**
B	36.7724	286.990	**3067.123**	**1333.356**
C	94.7372	446.220	**3514.809**	**1296.262**
D	24.6678	219.620	**3431.824**	**1092.924**
A	100.0000	207.993	**3223.828**	**1092.926**

Tabla 5.8: Resultados cálculo de coordenadas - Ejercicio 4

En la última fila de la tabla se agregó nuevamente el punto A para realizar la comprobación y verificar que llegamos al punto de partida sin error.-

5.5.   Cálculo de coordenadas - Ejercicio 5

Se requiere instalar 4 estacas: A, B, C y D en terreno, tal como se muestra en la figura. El trabajo será realizado con una estación total, por lo que se requiere ingresar las coordenadas de dichos puntos al equipo y proceder con el replanteo de los puntos.

La estación estará ubicada en el PR, que tiene coordenadas Este: 5000.000, Norte: 1000.000. La altura no se ingresará al equipo, puesto que no es requerido para el trabajo.

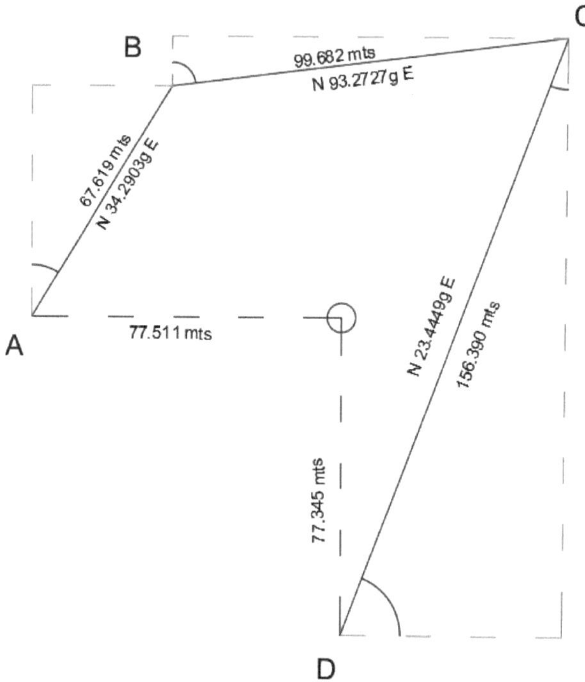

Figura 5.5: Representación cálculo de coordenadas - Ejercicio 5

Punto	Azimuth	Generador	Este (X)	Norte (Y)
PR				
A				
B				
C				
D				
PR				

Tabla 5.9: Cálculo de coordenadas - Ejercicio 5

Fórmulas:

- $Seno\ \alpha = \frac{Cateto\ opuesto}{Hipotenusa}$

- $Coseno \ \alpha = \frac{Cateto \ adyacente}{Hipotenusa}$

Solución:

Para calcular las coordenadas del punto A, se suman las medidas desde el punto de referencia: 77.511 en el Este y 0 en el Norte. Para los puntos siguientes, se usan las identidades trigonométricas seno y coseno según estime conveniente al evaluar. Forme un triángulo con cada lado del polígono, tomando dicho lado como hipotenusa y trazando catetos paralelos a los ejes Este y Norte. Use las distancias y ángulos para calcular las longitudes de los catetos y, con ello, determinar las coordenadas de los puntos siguientes.

- Coordenadas hacia el Norte y Este son positivas, por ende se suma a la coordenada anterior.

- Coordenadas hacia el Sur y Oeste son negativas, por lo que se resta a la coordenada anterior.

Punto	Azimuth	Generador	Este (X)	Norte (Y)
PR	0.0000	0.000	5000.000	1000.000
A	300.0000	77.511	**4922.489**	**1000.000**
B	34.2903	67.619	**4957.175**	**1058.045**
C	93.2727	99.682	**5056.301**	**1068.559**
D	23.4449	156.390	**5000.000**	**922.655**
PR	200.0000	77.345	**5000.000**	**1000.000**

Tabla 5.10: Resultados cálculo de coordenadas - Ejercicio 5

En la última fila de la tabla se agregó nuevamente el PR para realizar la comprobación y verificar que llegamos al punto de partida sin error.

Conclusión

A lo largo de este libro, se han desarrollado los fundamentos y aplicaciones prácticas de la topografía en el ámbito de las obras civiles, estableciendo un vínculo sólido entre el conocimiento teórico y las exigencias del trabajo en campo. Cada capítulo ha sido diseñado de manera estratégica para guiar al lector a través de ejercicios que reflejan situaciones reales, proporcionando las herramientas necesarias para enfrentar desafíos técnicos con precisión y confianza.

El énfasis en el uso del Sistema Internacional de Unidades, la rigurosidad en los cálculos y la implementación de metodologías actuales aseguran que este libro se convierta en una referencia esencial y actualizada para estudiantes y profesionales. Este enfoque permite no solo la adquisición de competencias técnicas, sino también una comprensión integral del impacto que la topografía tiene en la planificación, ejecución y sostenibilidad de los proyectos de infraestructura.

Más que un compendio de ejercicios resueltos, este libro aspira a fomentar en los lectores una actitud de compromiso, rigor y entusiasmo por la ciencia topográfica. Estos valores, combinados con el dominio de las técnicas expuestas, equipan a los futuros profesionales para asumir un rol protagónico en la construcción de un entorno más eficiente, seguro y sostenible.

Bibliografía

[Kavanagh and Slattery, 2010] Kavanagh, B. F. and Slattery, D. K. (2010). *Surveying: with construction applications*. Pearson Upper Saddle River, NJ, USA.

[Nathanson et al., 2011] Nathanson, J. A., Lanzafama, M. T., and Kissam, P. (2011). *Surveying fundamentals and practices*. Pearson/Prentice Hall.

[Wolf and Ghilani, 2018] Wolf, P. and Ghilani, C. (2018). *Topografía*. Alpha Editorial.

I want morebooks!

Buy your books fast and straightforward online - at one of world's fastest growing online book stores! Environmentally sound due to Print-on-Demand technologies.

Buy your books online at
www.morebooks.shop

¡Compre sus libros rápido y directo en internet, en una de las librerías en línea con mayor crecimiento en el mundo! Producción que protege el medio ambiente a través de las tecnologías de impresión bajo demanda.

Compre sus libros online en
www.morebooks.shop

info@omniscriptum.com
www.omniscriptum.com

Printed by Books on Demand GmbH, Norderstedt / Germany